ちくま

確率論の基礎概念

A. N. コルモゴロフ
坂本 實 訳

筑摩書房

●確率論の基礎概念（第3版）
Основные понятия теории вероятностей
(Третье издание)
Copyright © 1998 by A. N. Kolmogorov
Japanese translation rights arranged with
the Russian Author's Society (RAO) through
Japan UNI Agency, Inc., Tokyo.

●確率論における解析的方法について
Об анлитических методах в теории вероятностей
Успехи математических наук, 1938, вып. 5. с. 5-41.

総目次

確率論の基礎概念（第3版）　5

確率論における解析的方法について　199

訳者あとがき　275

講義をするコルモゴロフ

確率論の基礎概念（第3版）

第3版への序文

確率の概念，その解釈と自然哲学的内容，その応用範囲と数学的定式化は，何世紀にもわたる関心事であった．その頂点をなすのが，1933 年にドイツ語初版が，1936 年にロシア語版が刊行されたコルモゴロフの著書『確率論の基礎概念』である．

この著作で提示された論理的基礎付け（"公理化"）の枠組みは，論理的に簡潔であり，自然なものであって，確率論を純粋数学の固有の一分科にさせるものであった．どの"数学化"にも避けられない抽象性はあるものの，公理系は見事に作り上げられていて，確率モデルと確率的方法は，自然科学や技術，さらに人文科学の実に多様な分野に適用可能な融通性をもつものになっている．

コルモゴロフのこの著作の意義は，そこに展開されている**数学的確率理論**の論理的基礎付けの枠組み（これはその後あまねく受け入れられている）だけではない．そこには新しい概念や結果（条件つき期待値，与えられた有限次元の分布系をもつ確率過程の存在定理，0-1 法則など）がいくつも含まれており，それによって確率論そのものが発展し，理論が及ぼす影響力と応用される範囲が拡大された**新**

時代が切り拓かれたのである．

今回の版は，1974年に"ナウカ社"から出版された第2版を復刻したものである（編集に関わる若干の変更はある）．付録として，コルモゴロフのこの著作が**数学的確率論**の形成に果たした意義と役割とを，回顧的，補足的に述べた歴史的概観を加えた．

1998年1月

Yu.B. プロホロフ，A.N. シリャーエフ

第2版への序文

本書の初版がドイツ語で刊行されてから40年が経ったが、根本的な改訂は行わないことにした。シリャーエフと私とで叙述を若干変更し、またいくつかの記号を現代流のものにした。第6章§§3-5のいくつかの定理については、1925-1930年の間の私の研究にもとづく、シリャーエフによる証明を与えておいた。近頃の教科書では、通常これらの定理は特性関数を用いて証明されているが、当初私が行ったような直接的で初等的な証明にも、今でも意味があるであろう。

第1章の§2に述べた、公理的確率論を現実的問題へ応用することの正当性に関する所見は、[1]のなかで詳しく述べてある。ところで、現実の場において、なぜかくも頻繁に、安定した頻度に出合うのか、そのわけをこの本で明らかにすることはしない。この問いに対する新しいアプローチについては、[2],[3]（同様に[4]）に記した。

[1] Монография 《Математика, ее содержание, методы и значение》, изд. АН СССР, 1956, 第11

章[*]．

[2] А. Н. Колмогоров, "Три подхода к определению понятия 《количество информаций》", *Проблемы передачи информаций*, т. I. вып. 1 (1965).

[3] А. Н. Колмогоров, "К логическим основам теории информации и теории вероятностей", *Проблемы передачи информаций*, т. V, вып. 5 (1969).

[4] А. К. Звонкин и Л. А. Левин, "Сложность конечных объектов и обоснование теории информации и случайности с помоью теории алгоритмов", *Успехи математических наук*, т. 25, вып. 6 (1970).

この本での記述と現代流の記述とを比較することが強く望まれる問題を特記しておく．

1. 第5章の§1で条件つき確率 $P(A|\xi)$ の定義が与えられている．そこでは，ξ はある集合 X の偶然的要素，すなわち，X への Ω の写像である．この写像によって，原像が集合体 $\mathcal{F}$ に含まれるような X のすべての部分集合の族に，集合体 $\mathcal{F}^{\xi}(\subseteq \mathcal{F})$ を関連づけることができる．今日では，最初に任意の部分集合体 $\mathcal{F}' \subseteq \mathcal{F}$ について条件つき確率を定義し，それから

---

[*] 日本語訳がある：遠山啓監訳『数学通論：数学：その内容・方法・意義』全4巻，商工出版社（現在の東京図書），1958. 〔訳注〕

$$P(A|\xi) = P(A|\mathcal{F}^\xi)$$

とするのが好まれる．

2. 第 3 章 §4 の結果は広く利用されるが，現実的意味をもつ関数空間に適用できる分布を直接与えるわけではない（このことについては 61 ページを参照）．

1973 年 12 月 17 日

A. コルモゴロフ

第1版への序文

本書の目的は，確率論の公理的基礎づけを行うことにある．著者は，つい最近までは極めて特殊なものと見なされていた確率論の基礎概念を，現代数学の一般的な考え方の中に自然な形で置くことを試みたわけである．

測度と積分に関するルベーグの定理が現れなければ，この試みがうまくいく見込みはなかったかもしれない．しかし，ルベーグの研究が公にされてからは，集合の測度と確率の事象との間にある，また関数の積分と確率変数の期待値との間にある類似点が明らかになってきた．こうした類推はさらに拡張され，例えば，独立な確率変数のさまざまな性質は，対応する直交関数の性質と完全に類似しているものと見なされるようになった．しかし，確率論がこれらの類推によって基礎づけられるとするならば，測度と積分に関する理論を，幾何学的要素——これはルベーグ測度においては有益ではあるが——から切り離すことが必要である．この企てはフレシェによって成し遂げられた．

このように一般的観点から確率論を基礎づけようとすることは有意義な試みであるし，いま述べた考え方は，一部の数学者がすでに会得しているところのものである．しか

しながら，過度にややこしい議論はしないで全体系を述べるという試みは，まだなされていない（ただ，フレシェが著作（Fréchet [2]）を現在準備中である）．

本書で展開される議論の中には，上記のような，専門家にはすでにお馴染みの考え方を乗り越えている点があるので，ここでそのことを指摘しておきたい．それらは，無限次元空間における確率分布（第3章§4），期待値のパラメータについての微積分（第4章§5），そしてとりわけ，条件つき確率と条件つき期待値（第5章）についてである[1]．

第6章は，大数の弱法則と強法則の適用限界に関して，ヒンチン氏と著者とが得た研究成果の概要を述べたものである．また参考文献には，確率論の基礎づけという観点からみて興味深いと思われる最新の文献を，いくつか挙げてある．

本書の原稿を丁寧に読み，また数多くの改善点を提案してくださったヒンチン氏に深謝する次第である．

モスクワにほど近いクリャージマにて

1933年5月1日

A. コルモゴロフ

---

[1] 例えば，148ページ以降の参考文献中，Kolmogorov-Leontowitsch [1], Leontowitsch [1] を参照．

目　次

第3版への序文 7
第2版への序文 9
第1版への序文 12

第1章　初等確率論

§1. 公　理 ………………………………………… 18
§2. 現実世界との関連づけ ………………………… 20
§3. 用語のまとめ …………………………………… 23
§4. 公理から直接導かれる諸結果，条件つき確率，
　　ベイズの定理 …………………………………… 25
§5. 独 立 性 ………………………………………… 28
§6. 確率変数としての条件つき確率，マルコフ連鎖
　　………………………………………………… 34

第2章　無限確率空間

§1. 連続性の公理 …………………………………… 37
§2. ボレル確率空間 ………………………………… 41
§3. 無限確率空間の例 ……………………………… 44

第3章　確率変数

§1. 確率関数 ………………………………………… 49
§2. 確率変数と分布関数の定義 …………………… 51

- §3. 多次元分布関数 ………………………… 55
- §4. 無限次元空間の確率 ……………………… 58
- §5. 同値な確率変数，各種の収束 …………… 68

第4章 期待値

- §1. 抽象ルベーグ積分 ………………………… 73
- §2. 期待値と条件つき期待値 ………………… 76
- §3. チェビシェフの不等式 …………………… 80
- §4. 収束条件 …………………………………… 83
- §5. 期待値のパラメータについての微分と積分 …… 84

第5章 条件つき確率と条件つき期待値

- §1. 条件つき確率 ……………………………… 89
- §2. ボレルのパラドックスの解釈 …………… 95
- §3. 確率変数についての条件つき確率 ……… 96
- §4. 条件つき期待値 …………………………… 99

第6章 独立性，大数の法則

- §1. 独立性 ……………………………………… 105
- §2. 独立な確率変数 …………………………… 107
- §3. 大数の法則 ………………………………… 112
- §4. 期待値についての注意 …………………… 127
- §5. 大数の強法則，級数の収束 ……………… 132

付録 確率論における0-1法則 145

参考文献 148

解説 確率論の成立史（シリャーエフ） 155

第1章　初等確率論

　確率論の中で，有限個の事象の確率だけを扱うものを**初等確率論**という．初等確率論で導かれる諸定理は，無限個の偶然事象に関連する問題にも無理なく適用できる．しかし，無限個の事象についての問題を研究するには，本質的に新しい原理が必要になる．そこで，もっぱら無限個の偶然事象を扱う数学的確率論での唯一の公理（公理Ⅴ）を，第2章の冒頭になってから追加することにする．

　数学の一分科としての確率論は，幾何学や代数学と全く同じ意味で，公理化できるし，また，そうすべきである．この言葉が意味するのは，研究するべき要素とそれらの間の基本的な関係を明確にし，その関係が従うべき公理を明示し，それ以降の記述は，これらの要素や関係の日常的・具体的な意味づけとは関係なく，もっぱらこれらの公理にのみ基づくものにしなければならないということである．

　上に述べたことに従って，§1では**確率空間**を，ある条件を満たす集合族として定義する．この集合の要素が何を意味するかということは，確率論を純数学的に展開するためには重要ではない（ヒルベルトの『幾何学基礎論』における基本的な幾何学的概念の導入，あるいは抽象代数学に

おける群・環・体の定義を思い起こすとよい).

よく知られているように，すべての公理的（抽象的）理論は，それが導かれたものとは別の，無数の具体的な解釈が許される．こうして，言葉の本来の意味では偶然事象や確率の概念と関係のない科学の様々な分野にも，数学的確率論が応用されるのである．

確率論の公理化は，基本的な概念と関係の選択，公理系の選択によって，いかようにも行うことができる．しかし，公理系そのものとその公理系から導かれる理論展開とをできるだけ簡潔なものにすることを目指すのであれば，偶然事象とその確率とを公理化するのが最も目的に適っているであろう．確率論の公理論的構成には別の体系もあって，そこでは確率は基本的概念ではなく，他の概念によって表される[1]．しかしそれらの体系では，前に述べた目的とは違って，数学的理論と現実での確率概念の出現とをできるだけ密接に結びつけることを目的にしている．

§1. 公　理[2]

要素 ω の集合を Ω とし，Ω の部分集合を要素とする集合族を $\mathcal{F}$ とする．ω を**根元事象**といい，Ω を**標本空間**（根元事象の空間），$\mathcal{F}$ の要素を**確率事象**（または単に**事**

---

1) 例えば，von Mises [1], [2]，および Bernstein [1] を参照.
2) 以下に述べる公理に，最初から具体的な意味を与えたいと望む読者は，§2 から始めるとよい．

象)という.

I. $\mathcal{F}$ は集合体である[1].

II. $\mathcal{F}$ の各集合 A に,非負の実数 $\mathsf{P}(A)$ が定められている.この数 $\mathsf{P}(A)$ を事象 A の確率という.

III. $\mathsf{P}(\Omega) = 1$.

IV. A と B とが共通の要素をもたないとき
$$\mathsf{P}(A+B) = \mathsf{P}(A) + \mathsf{P}(B).$$

公理 I-IV を満たす3つの組 $(\Omega, \mathcal{F}, \mathsf{P})$ を**確率空間**という.

公理系 I-IV は**無矛盾**である.このことは,次の例からわかる.Ω はただ1個の要素 ω からなり,$\mathcal{F}$ は Ω と空集合 $\emptyset$ からなるとすると,$\mathsf{P}(\Omega) = 1$, $\mathsf{P}(\emptyset) = 0$ である.

しかし,この公理系は**完全**ではない.なぜなら,確率論のさまざまな問題に応じて,種々の異なった確率空間が考えられるからである.

最も単純な確率空間は以下のように構成される.任意の有限集合 $\Omega = \{\omega_1, \cdots, \omega_k\}$ と,非負の実数からなる任意

---

[1] 集合 Ω の部分集合族 $\mathcal{F}$ について,$\Omega \in \mathcal{F}$ であり,その集合族に含まれる2つの集合の和・積・差もまた同じ集合族に含まれるとき,その集合族を**集合体**という.集合 A と B の積を $A \cap B$ または AB で表し,和を $A \cup B$ で,差を $A - B$ で表す.集合 A の補集合 $\Omega - A$ を $\overline{A}$ で表す.空集合は $\emptyset$ で表す.集合 A と B が共通部分をもたない ($AB = \emptyset$) ならば,和 $A \cup B$ は $A + B$ とも表す.これを直和という.これからは,集合族 $\mathcal{F}$ の要素である集合を,ラテン大文字で表すことにする.Kolmogorov-Fomin [1] を参照.

の集合 $\{p_1, \cdots, p_k\}$（ただし $p_1 + \cdots + p_k = 1$）をとる．このとき，Ω のすべての部分集合 A の全体を $\mathcal{F}$ とし，$A = \{\omega_{i_1}, \cdots, \omega_{i_s}\}$ に対し $\mathsf{P}(A) = p_{i_1} + \cdots + p_{i_s}$ とする．この場合 $p_1, \cdots, p_k$ を，根元事象 $\omega_1, \cdots, \omega_k$ の確率，あるいは単に，**基本確率**という．このようにして，$\mathcal{F}$ が Ω のすべての部分集合の全体からなるすべての可能な**有限確率空間**が得られる（集合 Ω が有限であるとき，確率空間は**有限**であるという）．さらなる例については第2章§3を参照のこと．

§2. 現実世界との関連づけ[1]

確率論は，経験的な現実世界に以下のように適用される．

1. 何回でも繰り返すことができる，何らかの試行[*] $\mathfrak{S}$ があるとする．

---

1) 理論の純数学的な展開だけに関心がある読者は，本節を読む必要はない．これ以降述べていくことは，§1の公理にのみ基づいていて，この節の議論は何ら関わるところがないからである．なおここでは，確率論の諸公理の経験的な側面について，単なるヒントを与えるにすぎない．したがって，確率の経験的概念については，深い哲学的な内容には深入りしない．現実の出来事が経験されるこの世界に確率論を適用するために必要な基礎づけを試みるにあたり，著者は，フォン・ミーゼスの著作を大いに参考にした．とくに，von Mises [1] pp. 21-27, "Das Verhaltnis der Theorie zur Erfahrungswelt" の節を参照.

*) 原書では，モノとしての「条件の複合」が用いられているが，この訳書では，一般的な用語に従い，コト（行為）としての「試行」とする．〔訳注〕

2. 試行 $\mathfrak{S}$ が実現した結果として起こりうる事象の,ある定まった集まりを考える.この集まりの事象には,個々の実現では起こるものもあれば,起こらないものもある.起こるものも起こらないものも含めた,考えられるすべての事象の集合を Ω とする.

3. 試行 $\mathfrak{S}$ の結果として現実に起こった事象が,(定義されている)ある集合 A に含まれるならば,そのとき事象 A が起こったという.

例 試行 $\mathfrak{S}$ を,1枚の硬貨を2回投げることとする.上記2.で述べた事象の集合 Ω は,この例では2回硬貨を投げたときに,各回に表か裏のいずれかが出ることからなる.したがって,この場合に起きる結果(根元事象)は,表—表,表—裏,裏—表,裏—裏の4通りだけである.1回目と2回目が同じ結果であることを事象 A とする場合,事象 A は,これら4つの根元事象のうち第1の結果と第4の結果からなる.このようにすべての事象は,根元事象の集合と考えることができる.

4. ある条件のもと(ここでは詳しくは立ち入らないが),試行 $\mathfrak{S}$ の実現の後に,起こることも起こらないこともありうる事象 A に対して,次の性質をもつ実数 $\mathsf{P}(A)$ を定めることができる.

原理A. 試行 $\mathfrak{S}$ が非常に多くの回数(n 回)繰り返されたとして,その結果事象 A の起こった回数が m 回であるとき,m と n との比 $\dfrac{m}{n}$ がほぼ $\mathsf{P}(A)$ に等しいと事実上確信できる.

原理 B. $P(A)$ が非常に小さい場合には，試行 $\mathfrak{S}$ が 1 回だけ実現したときには事象 A は起こらないと事実上確信できる．

公理系の経験的演繹：一般に，それぞれ定まった確率をもつ，観察可能な事象 $A, B, C, \cdots$ からなる集合族 $\mathcal{F}$ は，集合 Ω を要素として含む集合体をなすと仮定できる（公理 I，および確率の存在を仮定する公理 II の前半部分）．また，$0 \leqq \dfrac{m}{n} \leqq 1$ であるから，公理 II の後半の仮定も極めて自然である．事象 Ω については常に $m = n$ だから，$P(\Omega) = 1$ とするのも自然である（公理 III）．最後に，A と B が同時に生じない（集合 A と B とが排反である）場合，$m = m_1 + m_2$ である（m, m_1, m_2 はそれぞれ $A + B, A, B$ が起こった結果の回数を表す）．このことから

$$\frac{m}{n} = \frac{m_1}{n} + \frac{m_2}{n}$$

が成り立つから，

$$P(A + B) = P(A) + P(B)$$

は妥当である（公理 IV）．

注意 1 ある 2 つの言明がそれぞれ実際に信頼できるものであれば，これらを同時に合わせたものは，信頼の程度はいくらか下がるものの，実際に信頼できると言える．しかし，言明の数が非常に多い場合には，各々の言明が実際に信頼できるものでも，それらすべてを同時に合わせた言

明が正しいかどうかについては,一般には何も言えない.したがって,A で述べた原理からは,それぞれ n 回の試行の系列からなる一連の実験を非常に多くの回数行った結果で,どの系列でも,比 $\dfrac{m}{n}$ の値が P(A) に非常に近いとはいえない.

注意 2 公理に従えば,起こりえない事象(空集合 $\emptyset$)に対応するのは P($\emptyset$)=0[1] であるが,逆に P(A)=0 から A が起こりえないことを導くことはできない.原理 B から言えるのは,確率が 0 であることは,試行 $\mathfrak{S}$ が 1 回だけ実現した場合に事象 A は事実上起こりえない,ということだけである.とはいえ,このことからは,十分長い一連の試行においても事象 A が起こらない,ということにはならない.一方,P(A)=0 であれば,n が十分大きいとき,比 $\dfrac{m}{n}$ の値が非常に小さいということだけは原理 A から演繹できる.

§3. 用語のまとめ

これから先の研究対象である確率事象を,我々は集合として定義した.しかし,多くの集合論的概念が,確率論においては違った用語で表される.ここで,そのような概念の対応関係を簡単な表で示しておこう.

---

[1] §4 の公式 (3) を参照.

集 合 論	確率事象
1. A と B は共通部分を持たない．すなわち $AB = \emptyset$．	1. 事象 A と事象 B は同時には起こらない．
2. $AB \cdots N = \emptyset$．	2. 事象 $A, B, \cdots, N$ は同時には起こらない．
3. $AB \cdots N = X$．	3. 事象 X はすべての事象 $A, B, \cdots, N$ が同時に起こることである．
4. $A \cup B \cup \cdots \cup N = X$．	4. 事象 X は事象 $A, B, \cdots, N$ の少なくとも 1 つが起こることである．
5. 補集合 $\overline{A}$．	5. 事象 A が起こらない事象．余事象 $\overline{A}$．
6. $A = \emptyset$．	6. 事象 A は起こりえない．
7. $A = \Omega$．	7. 事象 A は必ず起こる．
8. $A_1 + A_2 + \cdots + A_n = \Omega$ のとき，集合 $A_1, A_2, \cdots, A_n$ の系 $\mathfrak{A}$ を集合 Ω の分割という（このとき，集合 A_i は，どの 2 つも共通部分をもたないとする）．	8. 試行[*]$\mathfrak{A}$ では事象 $A_1, A_2, \cdots, A_n$ のうち，どの事象が起こるかが決まる．このとき，$A_1, A_2, \cdots, A_n$ を試行 $\mathfrak{A}$ の可能な結果という．
9. B は A の部分集合である．すなわち $B \subseteq A$．	9. 事象 B が起これば，事象 A が必然的に起こる．

---

[*] 原書では「実験」であるが，ここでは意図を考慮しない一般的用語としての「試行」と訳す．〔訳注〕

§4. 公理から直接導かれる諸結果, 条件つき確率, ベイズの定理

$A+\overline{A}=\Omega$ と公理Ⅲ, Ⅳから
$$P(A)+P(\overline{A}) = 1 \tag{1}$$
$$P(\overline{A}) = 1-P(A) \tag{2}$$
が成り立つ. 特に, $\overline{\Omega}=\varnothing$ から,
$$P(\varnothing) = 0 \tag{3}$$
が成り立つ.

$A, B, \cdots, N$ が互いに排反であれば, 公理Ⅳから, 公式
$$P(A+B+\cdots+N) = P(A)+P(B)+\cdots+P(N) \tag{4}$$
が得られる (**加法定理**).

$P(A)>0$ のとき, 商
$$P(B|A) = \frac{P(AB)}{P(A)} \tag{5}$$
を, 条件 A の下での事象 B の**条件つき確率**と定義する.

条件 (5) から,
$$P(AB) = P(B|A) \cdot P(A) \tag{6}$$
がただちに得られる.

さらに, 帰納法によって次の一般的な公式
$$P(A_1 A_2 \cdots A_n) = P(A_1)P(A_2|A_1)P(A_3|A_1 A_2) \\ \cdots P(A_n|A_1 \cdots A_{n-1}) \tag{7}$$
が得られる (**乗法定理**).

次の公式も容易に証明される.
$$P(B|A) \geqq 0 \tag{8}$$
$$P(\Omega|A) = 1 \tag{9}$$

$$P(B+C|A) = P(B|A)+P(C|A) \qquad (10)$$

公式 (8)-(10) を公理II-IVと比較すると，集合族 $\mathcal{F}$ と集合関数 $P(B|A)$（A は定まった集合であるとする）は合わせて1つの確率空間を定めることがわかる．したがって，確率 $P(B)$ について証明された一般の定理はすべて，（定まった事象 A についての）条件つき確率 $P(B|A)$ についても成り立つ．

また，

$$P(A|A) = 1 \qquad (11)$$

も容易にわかる．

(6)，およびそれと類似の公式

$$P(AB) = P(A|B)P(B)$$

から，重要な公式

$$P(A|B) = \frac{P(A)P(B|A)}{P(B)} \qquad (12)$$

が得られる．実のところ，これは**ベイズの定理**に他ならない．

定理（全確率） $A_1+A_2+\cdots+A_n = \Omega$ とし，B を任意の事象とする．このとき

$$P(B) = P(A_1)P(B|A_1)+P(A_2)P(B|A_2)+\cdots+P(A_n)P(B|A_n) \qquad (13)$$

が成り立つ．

証明

$$B = A_1B+A_2B+\cdots+A_nB$$

だから，(4) より
$$P(B) = P(A_1 B) + P(A_2 B) + \cdots + P(A_n B)$$
である．さらに，(6) より等式
$$P(A_i B) = P(A_i) P(B|A_i)$$
が成り立つ．

定理（ベイズ） $A_1 + A_2 + \cdots + A_n = \Omega$ とし，B を任意の事象とする．このとき

$$P(A_i|B) = \frac{P(A_i) P(B|A_i)}{P(A_1) P(B|A_1) + P(A_2) P(B|A_2) + \cdots + P(A_n) P(B|A_n)} \tag{14}$$

が成り立つ．

証明 公式 (12) から
$$P(A_i|B) = \frac{P(A_i) P(B|A_i)}{P(B)}$$
が得られる．公式 (14) を得るには，上式の確率 $P(B)$ を，全確率の定理の式 (13) で置き換えるだけでよい．

(事象 $A_1, A_2, \cdots, A_n$ を，しばしば"仮説"と呼び，公式 (14) は事象 B が起こった後の仮説 A_i の事後確率 $P(A_i|B)$ を与えると言う．ここで，$P(A_i)$ は A_i の事前確率を表す．)

§5. 独 立 性

2回またはそれ以上の回数の試行が，互いに**独立**であるという概念は，ある意味で確率論の中心的課題となるものである．実際すでに見てきたように，数学的観点に立てば，加法的集合関数の一般論をある特殊な場合へ適用したものが確率論である，と見なすことができる．すると当然のことながら，次のような疑問が生じる．確率論は一体どのようにして，独自の方法を持った大きな科学へと発展しえたのであろうか？

この疑問に答えるためには，加法的集合関数の理論の一般問題を確率論に取り入れる際に生じる特殊化を，指摘しなければならない．

加法的集合関数 $P = P(\cdot)$ が非負で，条件 $P(\Omega) = 1$ を満たすということそれ自体は，何らの新しい困難を引き起こすことはない．数学的観点からすると，確率変数（第3章を参照）は単に（$\mathcal{F}$ に関する）可測関数であるということを表しているにすぎない．そして，その関数の期待値は抽象ルベーグ積分である．このアナロジーはフレシェの研究において初めて完全に示された[1]．したがって，上記の諸概念を単に導入するだけでは，巨大な新理論の発展を十分に基礎付けることにはならないであろう．

歴史的に見ると，確率論を特徴づけてきたところの数学的概念は，まさしく試行の独立性と確率変数の独立性なの

---

1) Fréchet [1] と [2] を参照．

であった.現に,ラプラス,ポアソン,チェビシェフ,マルコフ,リャプノフ,フォン・ミーゼス,ベルンシュテインらによる古典的研究は,独立な確率変数列についての基礎的な研究を行ったものである.最近の論文(マルコフ,ベルンシュテイン等)は,完全な独立性を仮定することをしばしば諦めてはいるものの,十分に有意味な結果を得るために,完全な独立性よりも弱い,類似の条件を導入することの必要性を主張している(本章の§6,マルコフ連鎖を参照).このようにして,独立性の概念に,確率論固有の問題意識,少なくともその芽が見られる.本書ではこの点にことさら触れないことにする.というのは,本書での第一の関心事は,確率論固有の研究に論理的基礎づけをすることにあるからである.

こうして,自然科学の哲学における最重要課題の1つは——確率それ自体の概念の本質は何か,ということも周知のごとく問題であるが——,任意に与えられた現実の諸現象がそれぞれ独立であると見なせるための前提を明確にすることである.しかし,この問題は本書の射程を越えるものである.

さて,独立性の定義に移ろう.n 回の試行 $\mathfrak{A}^{(1)}, \mathfrak{A}^{(2)}, \cdots, \mathfrak{A}^{(n)}$,すなわち,基礎集合(標本空間)$\Omega$ の n 個の(共通部分をもたない)事象の和への分割

$$\Omega = A_1^{(i)} + A_2^{(i)} + \cdots + A_{r_i}^{(i)} \quad (i=1, 2, \cdots, n)$$

が与えられたとする.そのとき,一般に $r = r_1 r_2 \cdots r_n$ 個の確率

$$p_{k_1 k_2 \cdots k_n} = \mathsf{P}(A_{k_1}^{(1)} A_{k_2}^{(2)} \cdots A_{k_n}^{(n)}) \geqq 0$$

を，ただ1つの条件

$$\sum_{(k_1, k_2, \cdots, k_n)} p_{k_1 k_2 \cdots k_n} = 1 \tag{1}$$

を満たすように，任意に定めることができる[1].

定義1 試行 $\mathfrak{A}^{(1)}, \mathfrak{A}^{(2)}, \cdots, \mathfrak{A}^{(n)}$ は，任意の $k_1, k_2, \cdots, k_n$ に対して

$$\mathsf{P}(A_{k_1}^{(1)} A_{k_2}^{(2)} \cdots A_{k_n}^{(n)}) = \mathsf{P}(A_{k_1}^{(1)}) \mathsf{P}(A_{k_2}^{(2)}) \cdots \mathsf{P}(A_{k_n}^{(n)}) \tag{2}$$

が成り立つとき，**互いに独立**であるという．

(2) における r 個の等式の中には，ちょうど $r-(r_1+r_2+\cdots+r_n)+(n-1)$ 個の独立な式が含まれる[2].

定理1 試行 $\mathfrak{A}^{(1)}, \mathfrak{A}^{(2)}, \cdots, \mathfrak{A}^{(n)}$ が互いに独立ならば，その中の任意の m 回 $(m<n)$ の試行 $\mathfrak{A}^{(i_1)}, \mathfrak{A}^{(i_2)}, \cdots,$

---

[1] ここに述べた条件のみを満たすような，任意の確率をもつ確率空間は以下のようにして構成される．集合 Ω は r 個の要素 $\omega_{k_1 k_2 \cdots k_n}$ からなり，対応する基本確率を $p_{k_1 k_2 \cdots k_n}$ とする．そして，$k_i = k$ であるすべての $\omega_{k_1 k_2 \cdots k_n}$ からなる集合を $A_k^{(i)}$ とする．

[2] 実際，独立な場合には，n 個の条件
$$\sum_k p_k^{(i)} = 1$$
を満たすちょうど $r_1+r_2+\cdots+r_n$ 個の確率 $p_k^{(i)} = \mathsf{P}(A_k^{(i)})$ を任意に選ぶことができる．したがって，一般の場合には自由度は $r-1$ であるが，独立な場合には自由度は $r_1+r_2+\cdots+r_n-n$ である．

$\mathfrak{A}^{(i_m)}$ もまた互いに独立である[1].

したがって, 独立な場合, 等式
$$P(A_{k_1}^{(i_1)} A_{k_2}^{(i_2)} \cdots A_{k_m}^{(i_m)}) = P(A_{k_1}^{(i_1)}) P(A_{k_2}^{(i_2)}) \cdots P(A_{k_m}^{(i_m)}) \quad (3)$$
が成り立つ (i_l はすべて相異なる数とする).

定義 2 事象 $A_1, A_2, \cdots, A_n$ は, 分割 (試行)
$$\Omega = A_k + \overline{A}_k \quad (k=1, 2, \cdots, n)$$
が独立であるとき, **互いに独立**であるという.

この場合, $r_1 = r_2 = \cdots = r_n = 2$, $r = 2^n$ だから, (2) における 2^n 個の等式のうち, 独立な式は $2^n - n - 1$ 個だけである. 事象 $A_1, A_2, \cdots, A_n$ が互いに独立であるための必要十分条件は, 等式
$$P(A_{i_1} A_{i_2} \cdots A_{i_m}) = P(A_{i_1}) P(A_{i_2}) \cdots P(A_{i_m}) \quad (4)$$
$$(m = 1, 2, \cdots, n, \quad 1 \leq i_1 < i_2 < \cdots < i_m \leq n)$$
が成り立つことである[2].

---

1) このことを証明するには, n 個の分割が互いに独立であることから, 最初の $n-1$ 個の独立性が導かれることを示せば十分である. 等式 (2) が成り立つと仮定して,
$$P(A_{k_1}^{(1)} A_{k_2}^{(2)} \cdots A_{k_{n-1}}^{(n-1)}) = \sum_{k_n} P(A_{k_1}^{(1)} A_{k_2}^{(2)} \cdots A_{k_n}^{(n)})$$
$$= P(A_{k_1}^{(1)}) P(A_{k_2}^{(2)}) \cdots P(A_{k_{n-1}}^{(n-1)}) \sum_{k_n} P(A_{k_n}^{(n)})$$
$$= P(A_{k_1}^{(1)}) P(A_{k_2}^{(2)}) \cdots P(A_{k_{n-1}}^{(n-1)}).$$

2) Bernstein [1], pp. 47-57 を参照. しかし (数学的帰納法を使えば) 証明は容易である.

これらの等式はすべて互いに独立である.

$n=2$ の場合には, 2つの事象 A_1 と A_2 の独立性について, (4) から得られる条件は ($2^2-2-1=1$ より) ただ1つ,

$$\mathsf{P}(A_1A_2) = \mathsf{P}(A_1)\mathsf{P}(A_2) \tag{5}$$

である.

この場合, 等式の系 (2) は, (5) の他に3つの等式

$$\mathsf{P}(A_1\overline{A}_2) = \mathsf{P}(A_1)\mathsf{P}(\overline{A}_2)$$
$$\mathsf{P}(\overline{A}_1A_2) = \mathsf{P}(\overline{A}_1)\mathsf{P}(A_2)$$
$$\mathsf{P}(\overline{A}_1\overline{A}_2) = \mathsf{P}(\overline{A}_1)\mathsf{P}(\overline{A}_2)$$

からなる. これらが等式 (5) から導かれることは明らかである[1].

さらに, 次のことに注意しなければならない. 事象 $A_1, A_2, \cdots, A_n$ の**2つずつ**が互いに独立であること, すなわち関係

$$\mathsf{P}(A_iA_j) = \mathsf{P}(A_i)\mathsf{P}(A_j) \quad (i \neq j)$$

が成り立つことから, $n>2$ のときに事象が互いに独立であることは導かれない[2] (これが成り立つには, 等式 (4) のすべての式が成り立たなければならない).

---

[1] $\mathsf{P}(A_1\overline{A}_2) = \mathsf{P}(A_1) - \mathsf{P}(A_1A_2) = \mathsf{P}(A_1) - \mathsf{P}(A_1)\mathsf{P}(A_2)$
$= \mathsf{P}(A_1)[1-\mathsf{P}(A_2)] = \mathsf{P}(A_1)\mathsf{P}(\overline{A}_2).$

以下同様.

[2] これは以下の単純な例で証明される (ベルンシュテインによる). 集合 Ω は4個の要素 $\omega_1, \omega_2, \omega_3, \omega_4$ からなり, 各々に対応する基本確率 p_1, p_2, p_3, p_4 はすべて $\frac{1}{4}$ であるとする. ま

独立性の概念を導入する際に，条件つき確率は使っていない．まさにこの独立性の概念の数学的本質をできるだけ明確に説明することが，我々の目的だったからである．しかし一般的に，この概念の応用は，何らかの条件つき確率の性質に依存している．すべての確率が正であると仮定すれば，等式 (3) から

$$\mathsf{P}(A_{k_m}^{(i_m)}|A_{k_1}^{(i_1)}A_{k_2}^{(i_2)}\cdots A_{k_{m-1}}^{(i_{m-1})}) = \mathsf{P}(A_{k_m}^{(i_m)}) \qquad (6)$$

が成り立つ[1]．逆に，乗法定理（§4, 公式 (7)）を使えば，等式 (6) から公式 (2) が導かれる．こうして，次の定理が得られる．

定理2 すべての $A_k^{(i)}$ の確率が正のとき，試行 $\mathfrak{A}^{(1)}$, $\mathfrak{A}^{(2)}, \dots, \mathfrak{A}^{(n)}$ が独立であるための必要十分条件は，その試行の結果 $A_{k_i}^{(i)}$ の，この他のいくつかの試行 $\mathfrak{A}^{(i_1)}, \mathfrak{A}^{(i_2)}$, $\dots, \mathfrak{A}^{(i_l)}$ が確定した結果 $A_{k_1}^{(i_1)}, A_{k_2}^{(i_2)}, \dots, A_{k_l}^{(i_l)}$ をもつとする仮説の下での条件つき確率が，絶対確率 $\mathsf{P}(A_{k_i}^{(i)})$ に等し

た $A = \{\omega_1, \omega_2\}, B = \{\omega_1, \omega_3\}, C = \{\omega_1, \omega_4\}$ とする．このとき，簡単な計算により

$$\mathsf{P}(A) = \mathsf{P}(B) = \mathsf{P}(C) = \frac{1}{2},$$
$$\mathsf{P}(AB) = \mathsf{P}(BC) = \mathsf{P}(AC) = \frac{1}{4} = \left(\frac{1}{2}\right)^2,$$
$$\mathsf{P}(ABC) = \frac{1}{4} \neq \left(\frac{1}{2}\right)^3$$

となる．
1) 証明するには，条件つき確率の定義（§4の公式 (5)）を思い出して，積事象の確率を，公式 (3) から得られる確率の積で置き換えればよい．

いことである．

等式 (4) に基づいて，次の定理が同じ方法で証明される．

定理 3 確率 $\mathsf{P}(A_{k_i})$ がすべて正のとき，事象 $A_1, A_2, \cdots, A_n$ が互いに独立であるための必要十分条件は，相異なる $k, k_1, k_2, \cdots, k_l$ の任意の対について，等式
$$\mathsf{P}(A_k | A_{k_1}, A_{k_2}, \cdots, A_{k_l}) = \mathsf{P}(A_k) \tag{7}$$
が成り立つことである．

$n=2$ の場合，条件 (7) は次の 2 つの方程式からなる．
$$\left.\begin{array}{l}\mathsf{P}(A_2 | A_1) = \mathsf{P}(A_2) \\ \mathsf{P}(A_1 | A_2) = \mathsf{P}(A_1)\end{array}\right\} \tag{8}$$
$\mathsf{P}(A_1) > 0$ でありさえすれば，(8) の最初の式だけが，A_1 と A_2 が独立であるための必要十分条件になることは容易にわかる．

§6. 確率変数としての条件つき確率，マルコフ連鎖

$\mathfrak{A}$ を基礎集合 Ω の分割
$$\Omega = A_1 + A_2 + \cdots + A_m$$
とし，$\xi = \xi(\omega)$ を各集合 A_i の要素に値 x_i を対応させる根元事象 ω の実関数とする．すなわち，
$$\xi(\omega) = \sum_{i=1}^{m} x_i I_{A_i}(\omega)$$
である．ここで，I_{A_i} は集合の定義関数であって，$\omega \in A_i$

ならば $I_{A_i}(\omega)=1$ であり,$\omega\in\overline{A}_i$ ならば $I_{A_i}(\omega)=0$ である.

このとき,ξ を有限個の値 $x_1,\cdots,x_m$ をとる**確率変数**といい,和

$$\mathsf{E}\xi = \sum_{i=1}^{m} x_i \mathsf{P}(A_i)$$

を変数 ξ の**期待値**という.確率変数とその期待値の理論については第3章と第4章で詳しく展開するが,そこでは確率変数が有限個の異なる値だけをとり得るという制限を設けてはいない.

定義1 各集合 A_i 上で,値 $\mathsf{P}(B|A_i)$ をとる確率変数を,**与えられた試行 $\mathfrak{A}$ 後の事象 B の条件つき確率**といい,これを $\mathsf{P}(B|\mathfrak{A})(\omega)$ あるいは単に $\mathsf{P}(B|\mathfrak{A})$ で表す.すなわち,

$$\mathsf{P}(B|\mathfrak{A}) = \sum_{i=1}^{m} \mathsf{P}(B|A_i) I_{A_i}(\omega)$$

である.

2つの試行 $\mathfrak{A}^{(1)},\mathfrak{A}^{(2)}$ が互いに独立であるための必要十分条件は,

$$\mathsf{P}(A_i^{(2)}|\mathfrak{A}^{(1)}) = \mathsf{P}(A_i^{(2)}) \quad (i=1,2,\cdots,m_2)$$

が成り立つことである.

ある試行 $\mathfrak{A}^{(1)},\mathfrak{A}^{(2)},\cdots,\mathfrak{A}^{(n)}$ が与えられたとき,集合 Ω の積 $A_{i_1}^{(1)}A_{i_2}^{(2)}\cdots A_{i_n}^{(n)}$ への分割に対応する試行を

$$\mathfrak{A}^{(1)}\mathfrak{A}^{(2)}\cdots\mathfrak{A}^{(n)}$$

で表す. 試行 $\mathfrak{A}^{(1)}, \mathfrak{A}^{(2)}, ..., \mathfrak{A}^{(n)}$ が互いに独立であるための必要十分条件は, 任意の k と i について
$$\mathsf{P}(A_i^{(k)}|\mathfrak{A}^{(1)}\mathfrak{A}^{(2)}\cdots\mathfrak{A}^{(k-1)}) = \mathsf{P}(A_i^{(k)})$$
が成り立つことである[1].

定義2 任意の k と i について
$$\mathsf{P}(A_i^{(k)}|\mathfrak{A}^{(1)}\mathfrak{A}^{(2)}\cdots\mathfrak{A}^{(k-1)}) = \mathsf{P}(A_i^{(k)}|\mathfrak{A}^{(k-1)})$$
が成り立つとき, 列
$$\mathfrak{A}^{(1)}, \mathfrak{A}^{(2)}, ..., \mathfrak{A}^{(n)}, ...$$
は**マルコフ連鎖**になるという.

このように, マルコフ連鎖は互いに独立な試行を自然に拡張したものなっている.
$$p_{i_m i_n}(m, n) = \mathsf{P}(A_{i_n}^{(n)}|A_{i_m}^{(m)}) \quad (m < n)$$
とすれば, マルコフ連鎖の理論の基本公式は次の形をとる.

$$p_{i_k i_n}(k, n) = \sum_{i_m} p_{i_k i_m}(k, m) p_{i_m i_n}(m, n) \tag{1}$$
$$(k < m < n)$$

・行列 $p_{i_m i_n}(m, n)$ を $p(m, n)$ で表せば, (1) は
$$p(k, n) = p(k, m)p(m, n) \quad (k < m < n) \tag{2}$$
と表せる[2].

---

1) 必要性は §5 の定理 2 から導かれるし, 十分性も乗法定理 (§4 の公式 (7)) からただちに導かれる.
2) マルコフ連鎖の理論の詳細な展開については, von Mises [1] の §16 および Hostinsky [1] を参照.

第2章　無限確率空間

§1. 連続性の公理

慣例にならって，集合 A_m（有限個でも無限個でもよい）の積を $\bigcap_m A_m$ で表し，和を $\bigcup_m A_m$ で表す．集合 A_m が共通部分をもたない場合については，$\bigcup_m A_m$ の代わりに $\sum_m A_m$ を用いる．したがって表記は以下のようになる．

$$\bigcup_m A_m = A_1 \cup A_2 \cup A_3 \cup \cdots$$

$$\sum_m A_m = A_1 + A_2 + A_3 + \cdots$$

$$\bigcap_m A_m = A_1 A_2 A_3 \cdots$$

これからの考察では，公理 I-IV（第1章，§1）に加えて，次の連続性の公理を前提にする．

V．$\mathcal{F}$ の事象の減少列

$$A_1 \supseteq A_2 \supseteq \cdots \supseteq A_n \supseteq \cdots \qquad (1)$$

について，

$$\bigcap_n A_n = \varnothing \qquad (2)$$

ならば

$$\lim_n \mathsf{P}(A_n) = 0 \qquad (3)$$

が成り立つ.

以後，**確率空間**と言う場合には，第1章の公理 I-IV に加えて，上記の公理 V を満たす確率空間 $(\Omega, \mathcal{F}, \mathsf{P})$ のみを指すものとする．前章の意味での確率空間は**広義の確率空間**と呼ぶことができる．

集合族 $\mathcal{F}$ が有限であれば，公理 I-IV から公理 V が導かれる．このことを示そう．この場合には，列 (1) をなす異なる集合は有限個しかないので，そのうちの最も小さいものを A_k とすると，集合 A_{k+l} はすべて A_k と一致するから，

$$A_k = A_{k+l} = \bigcap_n A_n = \varnothing$$

$$\lim \mathsf{P}(A_n) = \mathsf{P}(\varnothing) = 0$$

となる．こうして (2) と (3) が導かれる．

したがって，第1章の有限確率空間の例はすべて公理 V を満たす．こうして公理系 I-V は，無矛盾ではあるが，完全ではないことになる．

これに対して，無限空間では，連続性の公理 V は公理 I-IV と独立である．この新しい公理は，無限確率空間に対してのみ本質的なものであるから，例えば第1章の §2 で公理 I-IV について行ったように，公理に経験的な意味を与えることはまず不可能である．観察可能な確率過程を

記述して得られるのは，有限な確率空間だけであって，無限確率空間は現実の確率現象を理想化したモデルにすぎない．ここでは著者の独断によって，公理Vを満たすモデルだけに限定する．このように限定することが，さまざまな研究を行ううえで好都合だからである．

定理1（拡張された加法定理） $A, A_1, A_2, \cdots, A_n, \cdots$ を $\mathcal{F}$ の要素とする．このとき

$$A = \sum_n A_n \tag{4}$$

であれば，等式

$$\mathsf{P}(A) = \sum_n \mathsf{P}(A_n) \tag{5}$$

が成り立つ．

証明

$$R_n = \sum_{m > n} A_m$$

とする．このとき明らかに

$$\bigcap_n R_n = \varnothing$$

だから，公理Vによって

$$\lim_n \mathsf{P}(R_n) = 0 \tag{6}$$

となる．

一方，加法定理から

$$P(A) = P(A_1) + P(A_2) + \cdots + P(A_n) + P(R_n) \qquad (7)$$

が成り立つ．したがって (6) と (7) から，ただちに (5) が得られる．

これで，確率 $P = P(\cdot)$ が $\mathcal{F}$ 上の**完全加法的集合関数**であることが示された．逆に，公理IVとVは，任意の $\mathcal{F}$ 上で定義されたすべての完全加法的集合関数について成り立つ[1]．したがって，確率空間を次のように定義することができる．

定義 Ω を任意の集合とし，$\mathcal{F}$ を Ω の部分集合からなる集合体とする．$\mathcal{F}$ 上で定義され，条件 $P(\Omega) = 1$ を満たす非負の完全加法的集合関数を $P = P(\cdot)$ とする．このとき，組 $(\Omega, \mathcal{F}, P)$ を**確率空間**という．

定理 2（被覆定理） $\mathcal{F}$ の要素を $A, A_1, A_2, \cdots, A_n, \cdots$ とする．このとき

$$A \subseteq \bigcup_n A_n \qquad (8)$$

であれば，

$$P(A) \leq \sum_n P(A_n) \qquad (9)$$

が成り立つ．

---

1) 例えば，Kolmogorov-Fomin [1] を参照．

証明
$$A = A(\bigcup A_n) = A(A_1 + A_2\overline{A}_1 + A_3\overline{A}_1\overline{A}_2 + \cdots)$$
だから,
$$\mathsf{P}(A) = \mathsf{P}(AA_1) + \mathsf{P}(AA_2\overline{A}_1) + \cdots$$
$$\leqq \mathsf{P}(A_1) + \mathsf{P}(A_2) + \cdots$$
となる.

§2. ボレル確率空間

集合 Ω の部分集合からなる集合体 $\mathcal{F}$ に含まれる集合 A_n のすべての可算和 $\sum_n A_n$ もまた $\mathcal{F}$ に含まれるとき,この集合体 $\mathcal{F}$ を**ボレル集合体**という.ボレル集合体は σ-集合体ともいう.公式

$$\bigcup_n A_n = A_1 + A_2\overline{A}_1 + A_3\overline{A}_1\overline{A}_2 + \cdots \tag{1}$$

から, σ-集合体は,その中に含まれる集合 A_n の可算個から作られる集合 $\bigcup_n A_n$ をすべて含むことが導かれる.公式

$$\bigcap_n A_n = \Omega - \bigcup_n \overline{A}_n \tag{2}$$

から,同じことが集合の積についても言える.

確率空間 $(\Omega, \mathcal{F}, \mathsf{P})$ における集合体 $\mathcal{F}$ がボレル集合体であるとき,この確率空間を**ボレル確率空間**という.

確率空間がボレル確率空間であれば,事象にどんな演算を行っても,確率が与えられない事象が得られる心配はな

い．ここで，我々の研究をボレル確率空間のみに限ってよいことを示そう．このことはいわゆる拡張定理から導かれるので，まず拡張定理を取り上げることにする．

確率空間 $(\Omega, \mathcal{F}_0, \mathsf{P})$ が与えられたとする．このとき，よく知られているように[1]，$\mathcal{F}_0$ を含む最小の σ-集合体 $\mathcal{F} = \sigma(\mathcal{F}_0)$ が存在し，次の定理が得られる．

定理（拡張定理） $(\Omega, \mathcal{F}_0)$ で定義された非負の完全加法的集合関数 $\mathsf{P} = \mathsf{P}(\cdot)$ を，どの性質（非負性，完全加法性）も損なうことなく $\mathcal{F} = \sigma(\mathcal{F}_0)$ のすべての集合に拡張することができ，その拡張は一意的である．

拡張された集合関数 $\mathsf{P} = \mathsf{P}(\cdot)$ をもつボレル集合体 $\mathcal{F} = \sigma(\mathcal{F}_0)$ は，確率空間 $(\Omega, \mathcal{F}, \mathsf{P})$ をなす．この空間を $(\Omega, \mathcal{F}_0, \mathsf{P})$ のボレル拡張空間という．

証明 加法的集合関数の理論に関するこの拡張定理——基本的には種々の別な形で知られているであろう——の証明を行う．

Ω の任意の部分集合を A とする．このとき，$\mathcal{F}_0$ の有限個または可算個の集合 A_n による，A のすべての被覆

$$A \subseteq \bigcup_n A_n$$

について，和

---

1) Hausdorff [1]，および Kolmogorov-Fomin [1] の p.44 を参照．

$$\sum_n \mathsf{P}(A_n)$$

の下限を $\mathsf{P}^*(A)$ とする．このとき $\mathsf{P}^*(A)$ がカラテオドリの言う意味で外測度[1]であることは容易に証明できる．被覆定理（§1）により，$\mathcal{F}_0$ のすべての集合 A について $\mathsf{P}^*(A)$ は $\mathsf{P}(A)$ と一致する．さらに，$\mathcal{F}_0$ の集合はすべてカラテオドリの意味で可測であることを証明できる．可測集合はすべて σ-集合体をなすから，$\sigma(\mathcal{F}_0)$ の集合はすべて可測である．したがって，集合関数 $\mathsf{P}^*(A)$ は $\sigma(\mathcal{F}_0)$ 上で完全加法的だから，$\sigma(\mathcal{F}_0)$ 上で

$$\mathsf{P}(A) = \mathsf{P}^*(A)$$

とおくことができる．これで拡張の**存在**が証明された．この拡張の**一意性**については，集合体 $\sigma(\mathcal{F}_0)$ の最小性から直ちに導かれる．

注意 $\mathcal{F}_0$ の集合（事象）A を現実的かつ（おそらく近似的でしかないが）観察可能な事象として解釈することができるとしても，このことから，拡張体 $\sigma(\mathcal{F}_0)$ の集合がこのような解釈を合理的に許すということにはもちろんならない．確率空間 $(\Omega, \mathcal{F}_0, \mathsf{P})$ が現実の確率事象を（理想化されているにせよ）表しているものと見なすことができる場合でも，拡張された確率空間 $(\Omega, \sigma(\mathcal{F}_0), \mathsf{P})$ は，やはり単なる数学的構成物にすぎないのである．

---

1) Carathéodory [1] pp. 237-258, Kolmogorov-Fomin [1] 第5章，§3を参照．

このように，一般的に $\sigma(\mathcal{F}_0)$ の集合は，経験的世界とは何の関係もない，純粋に理念的な事象にすぎない．しかし，このような理念的事象の確率を利用した考察によって，$\mathcal{F}_0$ の現実的な事象の確率が決まるのであれば，このように決めることが経験的観点からも矛盾がないことは明らかである．

§3. 無限確率空間の例

例 I　第1章の§1で，我々はいくつかの有限確率空間の構成を行った．ここでは，
$$\Omega = \{\omega_1, \omega_2, \cdots\}$$
を可算集合とし，$\mathcal{F}$ を集合 Ω の部分集合の全体とする．

このような集合族 $\mathcal{F}$ をもつすべての可能な確率空間は，
$$p_1 + p_2 + \cdots + p_n + \cdots = 1$$
である非負の数列 $\{p_n\}$ をとり，各集合 A について

$$\mathsf{P}(A) = \sum_n{}' p_n$$

とおけば得られる．ここで，和 $\sum_n{}'$ は，ω_n が A に含まれる添数 n をもつすべての p_n を加えたものとする．こうして得られる確率空間は明らかにボレル空間である．

例 II　この例では，Ω が実数直線 R を表すものと仮定する．$\mathcal{F}_0$ を半開区間 $[a,b) = \{\omega : a \leq \omega < b\}$ のすべての可能な和からなるものとすると（半開区間としては，有限な a,b をもつ正規の区間だけでなく，広義の区間

$[-\infty, b), [a, +\infty), [-\infty, +\infty)$ も考えることにする),このとき $\mathcal{F}_0$ が集合体であることは容易にわかる. 一方, 拡張定理により, 確率空間 $(\Omega, \mathcal{F}_0, \mathsf{P})$ は, 類似の空間 $(\Omega, \sigma(\mathcal{F}_0), \mathsf{P})$ に拡張することができるから, この場合の集合体 $\mathcal{F} = \sigma(\mathcal{F}_0)$ は数直線上のすべてのボレル集合の全体そのものである.

例Ⅲ 再び $\Omega = R$ を実数直線とし, $\mathcal{F}$ はこの直線上のすべてのボレル集合からなるものとする. 与えられたボレル集合体 $\mathcal{F}$ で確率空間を構成するには, $A \in \mathcal{F}$ なる集合 A に, 条件 $\mathsf{P}(\Omega) = 1$ を満たす任意の非負の完全加法的集合関数 $\mathsf{P}(A)$ を定義するだけでよい. このような関数は, よく知られているように[1], 特別の区間 $[-\infty, x)$ に対する値

$$\mathsf{P}\{[-\infty, x)\} = F(x) \qquad (1)$$

によって, 一意的に決まる.

関数 $F = F(x)$ を ω の**分布関数**という. $F(x)$ は非減少かつ左連続であり, 極限値

$$\left.\begin{array}{l}\lim_{x \to -\infty} F(x) = F(-\infty) = 0 \\ \lim_{x \to +\infty} F(x) = F(+\infty) = 1\end{array}\right\} \qquad (2)$$

をもつが, これは後で証明する (第3章 §2).

逆に, 与えられた関数 $F = F(x)$ がこれらの条件を満たせば, この関数から $\mathsf{P}(\Omega) = 1$ となる非負の完全加法的集

---

1) 例えば, Lebesgue [1], pp. 152-156 を参照.

合関数 $P(A)$ がつねに決まる[1]。

例IV 次に，基礎集合 Ω として n 次元ユークリッド座標空間 R^n，すなわち，n 個の実数すべての順序系 $\omega = (x_1, x_2, \cdots, x_n)$ の集合を考える．また，$\mathcal{F}$ は空間 R^n のすべてのボレル集合[2]からなるものとする．例IIの場合と同様に考えれば，もっと狭い意味の集合族，例えば n 次元の区間全体については，考えなくてよいことになる．

ここでもいつものように，確率関数 $P(A)$ として，$\mathcal{F}$ 上で定義された，条件 $P(\Omega) = 1$ を満たす任意の非負の完全加法的集合関数をとることができる．このような集合関数は，特定の集合 $\Lambda_{a_1, a_2, \cdots, a_n}$ に対して，値

$$P(\Lambda_{a_1, a_2, \cdots, a_n}) = F(a_1, a_2, \cdots, a_n) \tag{3}$$

を定めることで，一意的に決まる．ここで，$\Lambda_{a_1, a_2, \cdots, a_n}$ は

$$x_i < a_i \quad (i = 1, 2, \cdots, n)$$

を満たす ω 全体の集合である．

簡単な計算によって，集合

$$\Lambda_{a_1, \cdots, a_n}^{b_1, \cdots, b_n} = \{\omega : a_1 \leq x_1 < b_1, \cdots, a_n \leq x_n < b_n\}$$

に対する確率が

$$\begin{aligned}
&P(\Lambda_{a_1, \cdots, a_n}^{b_1, \cdots, b_n}) \\
&= F(b_1, \cdots, b_n) - \sum_{i=1}^{n} F(b_1, \cdots, b_{i-1}, a_i, b_{i+1}, \cdots, b_n) \\
&\quad + \sum_{i<j} F(b_1, \cdots, b_{i-1}, a_i, b_{i+1}, \cdots, b_{j-1}, a_j, b_{j+1}, \\
&\qquad \cdots, b_n) - \cdots + (-1)^n F(a_1, \cdots, a_n) \tag{4}
\end{aligned}$$

---

1) 例えば，Kolmogorov-Fomin [1], p.262 を参照．
2) R^n のボレル集合の定義については，Hausdorff [1] を参照．

であることがわかる.

(4) の右辺の式が任意の $a_i \leq b_i$ $(i=1,\cdots,n)$ について非負であるためには，関数 $F(a_1, a_2, \cdots, a_n)$ として，すべての変数について，左連続かつ非減少で，さらに条件

$$\left.\begin{aligned}\lim_{a_i \to -\infty} &F(a_1, \cdots, a_n) \\ = F(a_1, &\cdots, a_{i-1}, -\infty, a_{i+1}, \cdots, a_n) = 0 \\ & (i=1,2,\cdots,n) \\ \lim_{a_1 \to +\infty, \cdots, a_n \to +\infty} &F(a_1, \cdots, a_n) \\ = F(+\infty, &\cdots, +\infty) = 1\end{aligned}\right\} \quad (5)$$

を満たす任意の関数を選べばよい.

この関数 $F(a_1, \cdots, a_n)$ を，変数 $x_1, x_2, \cdots, x_n$ の分布関数という.

確率論の古典的問題については，いずれも上に述べた型の確率空間を研究すれば十分である[1]．とくに，R^n における確率関数は次のように定義することもできる．R^n で定義された任意の非負の関数 $f = f(x_1, \cdots, x_n)$ について

$$\int_{-\infty}^{+\infty} \cdots \int_{-\infty}^{+\infty} f(x_1, \cdots, x_n) dx_1 \cdots dx_n = 1$$

であるものとして，

$$\mathsf{P}(A) = \int \cdots \int_A f(x_1, \cdots, x_n) dx_1 \cdots dx_n \quad (6)$$

---

1) 例えば，von Mises [1], pp.13-19 を参照．その研究では，n 次元空間の "すべての現実的に可能な" 集合の確率が存在することが要求される．

とする.

このとき,関数 $f(x_1, x_2, \cdots, x_n)$ を,点 $(x_1, x_2, \cdots, x_n)$ における**確率密度**という(第3章§2を参照).

R^n における別のタイプの確率関数は,次のようにして得られる.すなわち,R^n の点列を $\{\omega_i\}$ とし,$\sum_i p_i = 1$ であるような非負の実数列を $\{p_i\}$ とする.このとき,例Iと同様

$$P(A) = \sum_i{}' p_i$$

とおく.ここで,和 $\sum_i{}'$ は ω_i が A に含まれる添数 i をもつすべての p_i を加えたものとする.

ここまで述べてきた R^n における確率関数の2つのタイプによってあらゆる可能性が尽くされるわけではないが,確率論の通常の応用にはこれで十分である.

しかし,この古典的領域以外にも,無限個の座標を使って根元事象が定義される,応用面から興味ある問題を考えることができる.これに関する確率空間については,この目的に必要な概念を導入してから学ぶことにする(第3章§3参照).

第3章 確率変数

§1. 確率関数

集合 Ω から,任意の要素からなる集合 X への写像,すなわち,Ω で定義され,その値が集合 X に属する一価関数 $\xi = \xi(\omega)$ が与えられているとする.X の各部分集合 A に対して,A の要素に写像される Ω のすべての要素の集合 $\xi^{-1}(A)$ を,原像として対応させることができる.また,原像が集合体 $\mathcal{F}$ に含まれる X のすべての部分集合 A の族を $\mathcal{F}_\xi$ とする.このとき $\mathcal{F}_\xi$ もまた集合体である.$\mathcal{F}$ がボレル集合体ならば,$\mathcal{F}_\xi$ もまたボレル集合体である.このことと,次のこととをこの節で証明する.

$$P_\xi(A) = \mathsf{P}\{\xi^{-1}(A)\} \qquad (1)$$

とした集合関数 P_ξ は $\mathcal{F}_\xi$ 上で定義され,$\mathcal{F}_\xi$ に関して公理 I–V のすべてを満たすから,$\mathcal{F}_\xi$ 上の確率関数である.これら2つのことの証明をする前に,次の定義をしておく.

定義 確率事象 ω の一価関数 $\xi = \xi(\omega)$ が与えられたとする.このとき,(1) によって定義される関数 P_ξ を ξ の**確率関数**という.

注意1 確率空間 $(\Omega, \mathcal{F}, \mathsf{P})$ の研究では，関数 P を確率関数または単に確率といい，P_ξ を ξ の確率関数という．$\xi(\omega) = \omega$ の場合には $P_\xi(A)$ と $\mathsf{P}(A)$ は一致する．

注意2 事象 $\xi^{-1}(A)$ は，$\xi(\omega)$ が集合 A に含まれることである．したがって，$P_\xi(A)$ は $\xi(\omega) \in A$ の確率である．

上で述べた $\mathcal{F}_\xi$ と P_ξ の性質の証明を始める．それらはいずれも，次のただ1つの命題から導かれる．

補助定理 任意の原像である集合の和，積，差は，それに対応する，もとの集合の和，積，差の原像である．

この補助定理の証明は読者に任せる．

さて，A, B を $\mathcal{F}_\xi$ の2つの集合とすると，これらの原像 A', B' は $\mathcal{F}$ に含まれる．$\mathcal{F}$ は集合体だから，集合 $A'B', A'+B', A'-B'$ もまた $\mathcal{F}$ に含まれる．一方，これらの集合は，$AB, A+B, A-B$ の原像であるので，$AB, A+B, A-B$ は $\mathcal{F}_\xi$ に含まれる．これは $\mathcal{F}_\xi$ が集合体であることを示している．同様に，$\mathcal{F}$ がボレル集合体ならば，$\mathcal{F}$ もまたボレル集合体であることを示すことができる．

さらに，
$$P_\xi(X) = \mathsf{P}\{\xi^{-1}(X)\} = \mathsf{P}(\Omega) = 1$$
は明らかであり，また，どの A についても P_ξ が非負であることも自明である．こうして，あと P_ξ が完全加法的で

あることを示せばよい（第2章§1の終わりを参照）．

そこで，集合 A_n が，したがってそれらの原像 $\xi^{-1}(A_n)$ が，異なる n についてそれぞれ共通部分をもたないとする．そのとき

$$P_\xi\left(\sum_n A_n\right) = \mathsf{P}\left\{\xi^{-1}\left(\sum_n A_n\right)\right\} = \mathsf{P}\left\{\sum_n \xi^{-1}(A_n)\right\}$$
$$= \sum_n \mathsf{P}\{\xi^{-1}(A_n)\} = \sum_n P_\xi(A_n)$$

であり，これは P_ξ が完全加法的であることを示している．

最後にもう1つ，次のことも注意しておく．Ω を X_1 へ写す関数を $\xi_1 = \xi_1(\omega)$ とし，X_1 を X_2 へ写す別の関数を $\xi_2 = \xi_2(x_1)$ とする．このとき，合成関数 $\xi(\omega) = \xi_2[\xi_1(\omega)]$ は，Ω を X_2 へ写す関数となる．関数 $\xi_1(\omega)$ と $\xi(\omega) = \xi_2[\xi_1(\omega)]$ に対応する確率関数 $P_{\xi_1}(A_1)$ と $P_{\xi_2}(A_2)$ は，関係

$$P_\xi(A_2) = P_{\xi_1}\{\xi_2^{-1}(A_2)\} \tag{2}$$

で結ばれていることが容易にわかる．

§2. 確率変数と分布関数の定義

定義 1 任意に選ばれる実数 x に対して，不等式 $\xi(\omega) < x$ を満たすすべての ω の集合 $\{\xi < x\}$ が集合族 $\mathcal{F}$ に含まれるとき，基礎集合 Ω 上で定義された，実数値をとる一価関数 $\xi = \xi(\omega)$ を**確率変数**という．

この関数 $\xi(\omega)$ は，基礎集合 Ω をすべての実数の集合

R に写像する．ここでは，確率変数の定義を次のように述べることもできる．すなわち，実関数 $\xi = \xi(\omega)$ が確率変数であるための必要十分条件は，$\mathcal{F}_\xi$ がすべての区間 $(-\infty, a)$ を含むことである．

$\mathcal{F}_\xi$ は集合体だから，区間 $(-\infty, a)$ に加えて，半開区間 $[a, b)$ の可能なすべての有限和も含む．確率空間がボレル確率空間であれば，$\mathcal{F}, \mathcal{F}_\xi$ はボレル集合体であるので，この場合には $\mathcal{F}_\xi$ は R のすべてのボレル集合を含む．確率変数 ξ の確率関数 P_ξ は，集合体 $\mathcal{F}_\xi$ のすべての集合 A に対して定義される．とくにボレル確率空間でもっとも重要な場合は，P_ξ が R のすべてのボレル集合に対して定義される場合である．

定義2 関数
$$F_\xi(x) = P_\xi(-\infty, x) = \mathsf{P}\{\xi(\omega) < x\}$$
を，確率変数 ξ の**分布関数**という．ここで，x の値は $-\infty, +\infty$ でもよい．

定義から，
$$F_\xi(-\infty) = 0, \quad F_\xi(+\infty) = 1 \tag{1}$$
がただちに導かれる．不等式 $a \leq \xi < b$ で表される事象が起きる確率は，明らかに，公式
$$\mathsf{P}(a \leq \xi < b) = F_\xi(b) - F_\xi(a) \tag{2}$$
で与えられる．このことから，$a < b$ のとき
$$F_\xi(a) \leq F_\xi(b)$$
が成り立つ．これは $F_\xi(x)$ が非減少関数であることを表

している．

さらに，$a_1 < a_2 < \cdots < a_n < \cdots \to b$ とすると

$$\bigcap_n \{\omega : \xi(\omega) \in [a_n, b)\} = \emptyset$$

だから，連続性の公理によって，$n \to +\infty$ のとき，

$$F_\xi(b) - F_\xi(a_n) = \mathsf{P}\{\omega : \xi(\omega) \in [a_n, b)\}$$

は 0 に収束する．これは $F_\xi(x)$ が**左連続**であることを表している．

同様に，

$$\lim_{x \to -\infty} F_\xi(x) = F_\xi(-\infty) = 0 \qquad (3)$$

$$\lim_{x \to +\infty} F_\xi(x) = F_\xi(+\infty) = 1 \qquad (4)$$

が証明される．確率空間 $(\Omega, \mathcal{F}, \mathsf{P})$ がボレル確率空間であれば，R のどのボレル集合 A についても，確率関数 $P_\xi(A)$ の値は，分布関数 $F_\xi(x)$ の値によって一意的に決まる（第 2 章 §3 の例 III を参照）．我々の関心はもっぱら $P_\xi(A)$ の値にあるから，分布関数はこれから我々が行う研究すべてに重要な役割を果たすことになる．

分布関数 $F_\xi(x)$ が微分可能であるとき，x についての導関数

$$f_\xi(x) = \frac{dF_\xi(x)}{dx}$$

を，点 x における ξ の**確率密度**という．

また，各 x に対して

$$F_\xi(x) = \int_{-\infty}^x f_\xi(y)dy$$

であれば，各ボレル集合 A についての ξ の確率関数は，$f_\xi(x)$ を用いて

$$P_\xi(A) = \int_A f_\xi(x)dx \tag{5}$$

と表される．

このとき，ξ の分布は**絶対連続**であるという．これとのアナロジーで，一般的に，上記と同様

$$P_\xi(A) = \int_A dF_\xi(x) \tag{6}$$

と表される．

これらの概念はすべて，条件つき確率に対しても一般化できる．集合関数

$$P_\xi(A|B) = \mathsf{P}\{\xi \in A|B\}$$

は，仮説 B ($\mathsf{P}(B) > 0$) の下での，ξ の**条件つき確率関数**である．非減少関数

$$F_\xi(x|B) = \mathsf{P}\{\xi < x|B\}$$

は，これに対応する分布関数であり，最後に（$F_\xi(x|B)$ が微分可能である場合）

$$f_\xi(x|B) = \frac{dF_\xi(x|B)}{dx}$$

は，仮説 B の下での，点 x における ξ の条件つき確率密度である．

§3. 多次元分布関数

n 個の確率変数 $\xi_1, \xi_2, \cdots, \xi_n$ が与えられているとする. n 次元空間 R^n の点 $\xi = (\xi_1, \xi_2, \cdots, \xi_n)$ は根元事象 ω の関数であるから, §1 の冒頭の一般的規則より, 空間 R^n の部分集合からなる集合体 $\mathcal{F}_\xi = \mathcal{F}_{\xi_1, \cdots, \xi_n}$ と, $\mathcal{F}_\xi = \mathcal{F}_{\xi_1, \cdots, \xi_n}$ 上で定義された確率関数 $P_\xi(A) = P_{\xi_1, \cdots, \xi_n}(A)$ とが得られる. この確率関数を, **確率変数** $(\xi_1, \xi_2, \cdots, \xi_n)$ **の** n **次元確率関数**という.

集合 $\mathcal{F}_{\xi_1, \cdots, \xi_n}$ は, i と a_i $(i = 1, 2, \cdots, n)$ の各選択に応じて, $x_i < a_i$ であるすべての点 $x = (x_1, x_2, \cdots, x_n) \in R^n$ の集合を含む (確率変数の定義から直接導かれる). したがって, $\mathcal{F}_{\xi_1, \cdots, \xi_n}$ は上記の集合の共通部分, すなわち, すべての不等式 $x_i < a_i$ $(i = 1, 2, \cdots, n)$[1] を満たすすべての点 $x = (x_1, x_2, \cdots, x_n) \in R^n$ の集合 $\Lambda_{a_1, a_2, \cdots, a_n}$ を含む.

n 次元半開区間を, すべての $i(=1, 2, \cdots, n)$ について不等式 $a_i \leqq x_i < b_i$ を満たす R^n の点すべての集合, すなわち

$$[a_1, a_2, \cdots, a_n; b_1, b_2, \cdots, b_n)$$

と表せば,

$[a_1, a_2, \cdots, a_n; b_1, b_2, \cdots, b_n)$
$= \Lambda_{b_1, b_2, \cdots, b_n} - \Lambda_{a_1, b_2, \cdots, b_n} - \Lambda_{b_1, a_2, \cdots, b_n} - \cdots - \Lambda_{b_1, b_2, \cdots, a_n}$

であるから, このような区間がいずれも集合体 $\mathcal{F}_{\xi_1, \cdots, \xi_n}$ に含まれることはすぐにわかる.

---

1) a_i は $\pm\infty$ でもよい.

n 次元半開区間からなる族のボレル拡張は, R^n のすべてのボレル集合からなる. このことから, <u>ボレル確率空間の場合, 集合体 $\mathcal{F}_{\xi_1,\cdots,\xi_n}$ は空間 R^n のすべてのボレル集合を含む</u>ことになる.

定理 ボレル確率空間において $f(x_1,\cdots,x_n)$ がボレル関数のとき, 有限個の確率変数 $\xi_1 = \xi_1(\omega), \cdots, \xi_n = \xi_n(\omega)$ の関数 $\eta(\omega) = f(\xi_1(\omega),\cdots,\xi_n(\omega))$ もまた確率変数である.

このことを証明するには, $f(x_1, x_2, \cdots, x_n) < a$ を満たす R^n のすべての点 $(x_1, x_2, \cdots, x_n)$ の集合がボレル集合であることを指摘すればよい. とくに, 確率変数の有限和および有限積もまた確率変数である.

定義 関数
$$F_{\xi_1,\cdots,\xi_n}(x_1,\cdots,x_n) = P_{\xi_1,\cdots,\xi_n}(\Lambda_{x_1,\cdots,x_n})$$
を, 確率変数 $\xi_1, \xi_2, \cdots, \xi_n$ の **n 次元分布関数**という.

1次元の場合と同様, n 次元分布関数 $F_{\xi_1,\cdots,\xi_n}(x_1,\cdots,x_n)$ はすべての変数について非減少かつ左連続であることが証明される. §2の等式 (3), (4) と同様に,

$$\lim_{x_i \to -\infty} F_{\xi_1,\cdots,\xi_n}(x_1,\cdots,x_n)$$
$$= F_{\xi_1,\cdots,\xi_n}(x_1,\cdots,x_{i-1}, -\infty, x_{i+1},\cdots,x_n) = 0 \quad (1)$$

$$\lim_{x_1 \to +\infty, \cdots, x_n \to +\infty} F_{\xi_1,\cdots,\xi_n}(x_1,\cdots,x_n)$$
$$= F_{\xi_1,\cdots,\xi_n}(+\infty,\cdots,+\infty) = 1 \quad (2)$$

が得られる.

分布関数 $F_{\xi_1,\cdots,\xi_n}(x_1,\cdots,x_n)$ によって値 $P_{\xi_1,\cdots,\xi_n}$ が直接与えられるのは,特別な集合 $\Lambda_{x_1,\cdots,x_n}$ についての場合のみである.しかし,確率空間がボレル空間である場合には,$P_{\xi_1,\cdots,\xi_n}$ はボレル集合について,分布関数 $F_{\xi_1,\cdots,\xi_n}(x_1,\cdots,x_n)$ によって一意的に確定される[1].

導関数

$$f_{\xi_1,\cdots,\xi_n}(x_1,\cdots,x_n) = \frac{\partial^n}{\partial x_1\cdots\partial x_n}F_{\xi_1,\cdots,\xi_n}(x_1,\cdots,x_n)$$

が存在するとき,この導関数 $f_{\xi_1,\cdots,\xi_n}(x_1,\cdots,x_n)$ を点 $(x_1,\cdots,x_n)$ における確率変数 $\xi_1,\cdots,\xi_n$ の n 次元確率密度という.

各点 $(x_1,\cdots,x_n)$ について

$$F_{\xi_1,\cdots,\xi_n}(x_1,\cdots,x_n)$$
$$= \int_{-\infty}^{x_1}\cdots\int_{-\infty}^{x_n} f_{\xi_1,\cdots,\xi_n}(y_1,\cdots,y_n)dy_1\cdots dy_n$$

が成り立つとき,$\xi=(\xi_1,\cdots,\xi_n)$ の分布は**絶対連続**であるという.このとき,各ボレル集合 $A\subseteq R^n$ について,等式

$$P_{\xi_1,\cdots,\xi_n}(A)$$
$$= \int\cdots\int_A f_{\xi_1,\cdots,\xi_n}(y_1,\cdots,y_n)dy_1\cdots dy_n \quad (3)$$

が成り立つ.

この節の最後に,種々の確率関数と分布関数との関係に

---

[1] 第2章§3の例Ⅳを参照.

ついて, もう1つの注意を述べておく. 置換
$$S = \begin{pmatrix} 1 & 2 & \cdots & n \\ i_1 & i_2 & \cdots & i_n \end{pmatrix}$$
が与えられているものとし, 空間 R^n からそれ自身への変換
$$x'_k = x_{i_k} \quad (k = 1, 2, \cdots, n)$$
を ρ_S で表す. このとき, 明らかに
$$P_{\xi_{i_1}, \cdots, \xi_{i_n}}(A) = P_{\xi_1, \cdots, \xi_n}\{\rho_S^{-1}(A)\} \tag{4}$$
である.

また, $x' = \pi_k(x)$ が空間 R^n から空間 R^k $(k < n)$ への "正射影" であるとし, 点 $x = (x_1, \cdots, x_n)$ を点 $x' = (x_1, \cdots, x_k)$ に写すものとする. このとき, §1の等式 (2) により,
$$P_{\xi_1, \cdots, \xi_k}(A) = P_{\xi_1, \cdots, \xi_n}\{\pi_k^{-1}(A)\} \tag{5}$$
が成り立つ.

これに対応する分布関数については, (4) と (5) から,
$$F_{\xi_{i_1}, \cdots, \xi_{i_n}}(x_{i_1}, \cdots, x_{i_n}) = F_{\xi_1, \cdots, \xi_n}(x_1, \cdots, x_n) \tag{6}$$
$$F_{\xi_1, \cdots, \xi_k}(x_1, \cdots, x_k)$$
$$= F_{\xi_1, \cdots, \xi_n}(x_1, \cdots, x_k, +\infty, \cdots, +\infty) \tag{7}$$
が得られる.

§4. 無限次元空間の確率

第2章§3で, 確率論で用いられる種々の確率空間を構成する方法をみてきたが, 根元事象が無限個の座標によ

って定義される，興味深い問題も考えることができる．そこで，添数 ν の集合として，任意の濃度 $\mathfrak{N}$ をもつ集合 $\mathcal{N}$ をとる．添数 ν が集合 $\mathcal{N}$ の値を重なることなくとりつくすことによってできる実数 x_ν のまとまり

$$\omega = \{x_\nu\}$$

の全体を空間 $R^{\mathcal{N}}$ で表す（空間 $R^{\mathcal{N}}$ の要素 ω を定義するには，集合 $\mathcal{N}$ の各要素 ν に対して，確定した実数 x_ν を定めるか，あるいは同じことだが，$\mathcal{N}$ 上に定義される要素 ν の実数値一価関数 x_ν を定めればよい[1]）．

集合 $\mathcal{N}$ が，自然数の最初の n 個 $1, 2, \cdots, n$ からなる場合，$R^{\mathcal{N}}$ は通常の n 次元空間 R^n である．$\mathcal{N}$ がすべての実数の集合 R^1 からなる場合，対応する空間 $R^{\mathcal{N}} = R^{R^1}$ は実変数 t $(-\infty < t < \infty)$ のすべての実関数

$$\omega = \{x_t\}$$

からなる．

任意の集合 $\mathcal{N}$ について，集合 $R^{\mathcal{N}}$ を基礎集合 Ω とする．$\omega = x_\nu$ を Ω の要素とし，n 次元空間 R^n の点 $(x_{\nu_1}, x_{\nu_2}, \cdots, x_{\nu_n})$ を $\pi_{\nu_1, \nu_2, \cdots, \nu_n}(\omega)$ で表すことにする．Ω の部分集合 A が

$$A = \pi^{-1}_{\nu_1, \cdots, \nu_n}(A')$$

で表されるとき，この A を**筒集合**という．ここで，A' は R^n の部分集合を表す．こうしてすべての筒集合の類は，関係式

---

[1] Hausdorff [1] を参照．

$$f(x_{\nu_1}, x_{\nu_2}, \cdots, x_{\nu_n}) = 0 \qquad (1)$$
で定義されるすべての集合の類と一致する。この関係によって任意の筒集合 $\pi_{\nu_1,\cdots,\nu_n}^{-1}(A')$ を定めるためには，f として，A' 上では 0，A' 以外では 1 となる関数をとればよい。

筒集合は，対応する集合がボレル集合であれば，**ボレル筒集合**となる．空間 R^N のすべてのボレル筒集合は集合体をなす．これを以後，$\mathcal{F}^N$ と表すことにする[1]．

集合体 $\mathcal{F}^N$ のボレル拡張を，これまでと同様に，$\sigma(\mathcal{F}^N)$ で表すことにする．族 $\sigma(\mathcal{F}^N)$ に含まれる集合を**空間 R^N のボレル集合**という．

次に，$\mathcal{F}^N$ 上での——したがって，拡大定理により，$\sigma(\mathcal{F}^N)$ 上での——確率関数の構成と演算の方法を述べることにする．特に，集合 $\mathcal{N}$ が可算集合である場合には，この方法で，目的をすべて満たす確率空間が得られるから，確率変数の可算列に関連するどんな問題も扱える．

---

[1] 上に述べたことから，ボレル筒集合はボレルの式 (1) で定義される集合であることが導かれる．いま，A と B を，式
$$f(x_{\nu_1}, x_{\nu_2}, \cdots, x_{\nu_n}) = 0, \quad g(x_{\lambda_1}, x_{\lambda_2}, \cdots, x_{\lambda_n}) = 0$$
で定義されるボレル筒集合とする．このとき，集合 $A+B, AB, A-B$ をそれぞれ，式
$$f \cdot g = 0, \quad f^2 + g^2 = 0, \quad f^2 + h(g) = 0$$
で定義することができる．ここで，$x \neq 0$ とすると $h(x) = 0, h(0) = 1$ である．f と g がボレル関数ならば，$f \cdot g$，$f^2 + g^2$，$f^2 + h(g)$ もまたボレル関数である．したがって，$A+B, AB, A-B$ はボレル筒集合である．こうして集合族 $\mathcal{F}^N$ は集合体であることが示された．

しかし，$\mathcal{N}$ が可算でない場合，単純なうえ興味深い $R^{\mathcal{N}}$ の部分集合の多くは $\sigma(\mathcal{F}^{\mathcal{N}})$ には含まれない．例えば，$\mathcal{N}$ が非可算であって，任意に選んだ添数 ν について x_ν がある定数 c より小さいすべての要素 ω の集合，すなわち集合 $\{\omega : x_\nu < c, \nu \in \mathcal{N}\}$ は集合族 $\sigma(\mathcal{F}^{\mathcal{N}})$ には含まれない．

このことからわかるように，どのような問題についても，すべての根元事象 ω の空間が可算個の座標しかもたないような形式にしようとすることは，（可能であればの話だが，）いつでも価値のあることである．

確率関数 P が $\mathcal{F}^{\mathcal{N}}$ 上で定義されているとする．このとき，根元事象 ω の各座標 x_ν を確率変数とみなせるから，これらの座標のすべての有限系 $(x_{\nu_1}, x_{\nu_2}, \cdots, x_{\nu_n})$ は，n 次元確率関数 $P_{\nu_1, \nu_2, \cdots, \nu_n}(A)$ と，それに対応する分布関数 $F_{\nu_1, \nu_2, \cdots, \nu_n}(a_1, a_2, \cdots, a_n)$ とをもつ．すべてのボレル筒集合

$$A = \pi^{-1}_{\nu_1, \nu_2, \cdots, \nu_n}(A')$$

について，等式

$$\mathsf{P}(A) = P_{\nu_1, \nu_2, \cdots, \nu_n}(A')$$

が成り立つことは明らかである．ここで，A' は R^n のボレル集合である．このようにして，確率関数 P は，すべての筒集合からなる集合体 $\mathcal{F}^{\mathcal{N}}$ 上で，対応する空間 R^n のすべてのボレル集合に対するすべての有限次元確率関数 $P_{\nu_1, \nu_2, \cdots, \nu_n}$ によって，一意的に定まる．一方，ボレル集合に対する確率関数 $P_{\nu_1, \nu_2, \cdots, \nu_n}$ の値は，対応する分布関数によって一意的に定まるから，こうして，次の定理が証明さ

れたことになる．

定理 $\mathcal{F}^N$ に含まれるすべての集合について，確率関数 P は，すべての有限次元分布関数族 $F_{\nu_1, \nu_2, \cdots, \nu_n}$ の全体から一意的に定まる．また，確率関数 P は（拡張定理によって）$\sigma(\mathcal{F}^N)$ 上でも分布関数 $F_{\nu_1, \nu_2, \cdots, \nu_n}$ の値から一意的に定まる．

ここで，次のように問うことができる．$\mathcal{F}^N$ 上で（したがって，また $\sigma(\mathcal{F}^N)$ 上で），ア・プリオリに与えられた分布関数族 $F_{\nu_1, \nu_2, \cdots, \nu_n}$ から確率が定まるのは，どのような条件が満たされるときであろうか？

まず指摘すべきは，すべての分布関数 $F_{\nu_1, \nu_2, \cdots, \nu_n}$ は，第2章（§3の例Ⅲ）で与えられた条件を満たさなければならないということである．このことは実際，分布関数の概念自体に含まれている．これ以外に，§3の等式 (6), (7) から導かれる関係

$$F_{\nu_{i_1}, \nu_{i_2}, \cdots, \nu_{i_n}}(x_{i_1}, x_{i_2}, \cdots, x_{i_n})$$
$$= F_{\nu_1, \nu_2, \cdots, \nu_n}(x_1, x_2, \cdots, x_n) \quad (2)$$

$$F_{\nu_1, \nu_2, \cdots, \nu_k}(x_1, x_2, \cdots, x_k)$$
$$= F_{\nu_1, \nu_2, \cdots, \nu_n}(x_1, x_2, \cdots, x_k, +\infty, \cdots, +\infty) \quad (3)$$

が成り立つ．ここで，$k<n$ で，$\begin{pmatrix} 1 & 2 & \cdots & n \\ i_1 & i_2 & \cdots & i_n \end{pmatrix}$ は任意の置換である．ところで，これらの必要条件は，次の定理から明らかなように，十分条件でもある．

4. 無限次元空間の確率

基本定理 条件 (2) と (3) を満たすすべての分布関数 $F_{\nu_1, \nu_2, \cdots, \nu_n}$ の族により，$\mathcal{F}^N$ 上で，公理 I–V を満たす確率関数 P が定まる．この確率関数 P は，（拡張定理によって）$\sigma(\mathcal{F}^N)$ 上にも拡張される．

証明 第2章（§3 の例Ⅲ）の一般的な条件に加え，条件 (2), (3) を満たす分布関数 $F_{\nu_1, \nu_2, \cdots, \nu_n}$ が与えられているとする．このとき，どの分布関数 $F_{\nu_1, \nu_2, \cdots, \nu_n}$ も，R^n 上のすべてのボレル集合に対して，対応する確率関数 $P_{\nu_1, \nu_2, \cdots, \nu_n}$ を一意的に定める（§3 を参照）．これからは，R^n のボレル集合と，Ω のボレル筒集合だけを扱うことにする．

すべての筒集合
$$A = \pi_{\nu_1, \nu_2, \cdots, \nu_n}^{-1}(A')$$
について，
$$P(A) = P_{\nu_1, \nu_2, \cdots, \nu_n}(A') \tag{4}$$
とおく．異なる集合 A' で同じ筒集合 A が定義され得るから，まず，等式 (4) から得られる P(A) の値はどの場合においても同じであることを示さなければならない．

確率変数 x_ν の有限系を $(x_{\nu_1}, x_{\nu_2}, \cdots, x_{\nu_n})$ とする．§3 の規則に従うと，この確率変数の確率関数 $P_{\nu_1, \nu_2, \cdots, \nu_n}$ から，各部分系 $(x_{\nu_{i_1}}, x_{\nu_{i_2}}, \cdots, x_{\nu_{i_k}})$ の確率関数 $P_{\nu_{i_1}, \nu_{i_2}, \cdots, \nu_{i_k}}$ を定義することができる．§3 に従って定義された確率関数は，等式 (2) と (3) から，ア・プリオリに与えられた関数 $P_{\nu_{i_1}, \nu_{i_2}, \cdots, \nu_{i_k}}$ と同じであることが導かれる．いま筒

集合 A が
$$A = \pi^{-1}_{\nu_{i_1}, \nu_{i_2}, \cdots, \nu_{i_k}}(A')$$
で定義されると同時に
$$A = \pi^{-1}_{\nu_{j_1}, \nu_{j_2}, \cdots, \nu_{j_m}}(A'')$$
でも定義されているとする。ここで，すべての確率変数 x_{ν_i}, x_{ν_j} は系 $(x_{\nu_1}, x_{\nu_2}, \cdots, x_{\nu_n})$ に含まれるとする。このことは，明らかに本質的な制限になるものではない。条件 $(x_{\nu_{i_1}}, x_{\nu_{i_2}}, \cdots, x_{\nu_{i_k}}) \in A'$ と $(x_{\nu_{j_1}}, x_{\nu_{j_2}}, \cdots, x_{\nu_{j_m}}) \in A''$ とは同等だから，

$$\begin{aligned}
& P_{\nu_{i_1}, \nu_{i_2}, \cdots, \nu_{i_k}}(A') \\
&= P_{\nu_1, \nu_2, \cdots, \nu_n}\{(x_{\nu_{i_1}}, x_{\nu_{i_2}}, \cdots, x_{\nu_{i_k}}) \in A'\} \\
&= P_{\nu_1, \nu_2, \cdots, \nu_n}\{(x_{\nu_{j_1}}, x_{\nu_{j_2}}, \cdots, x_{\nu_{j_m}}) \in A''\} \\
&= P_{\nu_{j_1}, \nu_{j_2}, \cdots, \nu_{j_m}}(A'')
\end{aligned}$$

が成り立つ。これで，$\mathsf{P}(A)$ が一意的に定まることについての上の定理が証明されたことになる。

次に，確率空間 $(\Omega, \mathcal{F}^{\mathcal{N}}, \mathsf{P})$ が公理 I–V をすべて満たすことを証明しよう。公理 I は単に $\mathcal{F}^{\mathcal{N}}$ が集合体であることだけを主張するものであるが，このことは $(\Omega \in \mathcal{F}^{\mathcal{N}}$ であることの証明はまだだが) すでに証明されている。さらに，任意の $\nu \in \mathcal{N}$ に対して
$$\Omega = \pi_{\nu}^{-1}(R^1)$$
$$\mathsf{P}(\Omega) = P_{\nu}(R^1) = 1$$
が成り立つから，このことより公理 I, III が適用できることが証明される。最後に $\mathsf{P}(A)$ の定義から，$\mathsf{P}(A)$ が非負

であること（公理II）がただちに導かれる．

公理IVが適用できることを証明するのは，これらに比べれば多少やっかいである．これを証明するために，2つの筒集合，すなわち

$$A = \pi^{-1}_{\nu_{i_1}, \nu_{i_2}, \cdots, \nu_{i_k}}(A')$$

と

$$B = \pi^{-1}_{\nu_{j_1}, \nu_{j_2}, \cdots, \nu_{j_m}}(B')$$

とを考えよう．ここで，変数 x_{ν_i}, x_{ν_j} はすべて1つの有限系 $(x_{\nu_1}, x_{\nu_2}, \cdots, x_{\nu_n})$ に含まれていると仮定する．集合 A, B が共通部分をもたなければ，関係

$$(x_{\nu_{i_1}}, x_{\nu_{i_2}}, \cdots, x_{\nu_{i_k}}) \in A'$$
$$(x_{\nu_{j_1}}, x_{\nu_{j_2}}, \cdots, x_{\nu_{j_m}}) \in B'$$

は排反である．したがって

$$\begin{aligned}\mathsf{P}(A+B) &= P_{\nu_1, \nu_2, \cdots, \nu_n}\{(x_{\nu_{i_1}}, x_{\nu_{i_2}}, \cdots, x_{\nu_{i_k}}) \in A' \\ &\qquad \text{または } (x_{\nu_{j_1}}, x_{\nu_{j_2}}, \cdots, x_{\nu_{j_m}}) \in B'\} \\ &= P_{\nu_1, \nu_2, \cdots, \nu_n}\{(x_{\nu_{i_1}}, x_{\nu_{i_2}}, \cdots, x_{\nu_{i_k}}) \in A'\} \\ &\qquad + P_{\nu_1, \nu_2, \cdots, \nu_n}\{(x_{\nu_{j_1}}, x_{\nu_{j_2}}, \cdots, x_{\nu_{j_m}}) \in B'\} \\ &= \mathsf{P}(A) + \mathsf{P}(B)\end{aligned}$$

が成り立つ．これで公理IVは証明された．

あとは，公理Vを証明すればよい．条件

$$\lim_n \mathsf{P}(A_n) = L > 0$$

を満たす筒集合の減少列を

$$A_1 \supseteq A_2 \supseteq \cdots \supseteq A_n \supseteq \cdots$$

とする．

すべての集合 A_n の積（共通部分）が空でないことを証明しよう．最初の n 個の筒集合 A_k の定義には，変数列

$$x_{\nu_1}, x_{\nu_2}, \cdots, x_{\nu_n}, \cdots$$

の最初の n 個の座標 x_{ν_k} だけが現れる，すなわち

$$A_n = \pi^{-1}_{\nu_1, \nu_2, \cdots, \nu_n}(B_n)$$

と仮定しても問題の一般性は失われない．簡単のために

$$P_n(B) = P_{\nu_1, \nu_2, \cdots, \nu_n}(B)$$

とおくと，このとき明らかに

$$P_n(B_n) = \mathsf{P}(A_n) \geqq L > 0$$

である．各集合 B_n 内に

$$P_n(B_n - U_n) \leqq \frac{\varepsilon}{2^n}$$

となる有界閉集合 U_n を求めることができる．この不等式から，集合

$$V_n = \pi^{-1}_{\nu_1, \nu_2, \cdots, \nu_n}(U_n)$$

について，不等式

$$\mathsf{P}(A_n - V_n) \leqq \frac{\varepsilon}{2^n} \tag{5}$$

が成り立つ．さらに

$$W_n = V_1 V_2 \cdots V_n$$

とすると，(5) から

$$\mathsf{P}(A_n - W_n) \leqq \varepsilon$$

となり，

$$W_n \subseteq V_n \subseteq A_n$$

であることから，

$$P(W_n) \geq P(A_n) - \varepsilon \geq L - \varepsilon$$

が導かれる．

ε が十分小さければ $P(W_n) > 0$ となるから，集合 W_n は空でない．いま，$x_\nu^{(n)}$ を座標にもつ点 $\omega^{(n)}$ を各集合 W_n の中に選ぶ．すべての点 $\omega^{(n+p)}$ $(p=0,1,2,\cdots)$ が集合 V_n に含まれることから

$$(x_{\nu_1}^{(n+p)}, x_{\nu_2}^{(n+p)}, \cdots, x_{\nu_n}^{(n+p)}) = \pi_{\nu_1, \nu_2, \cdots, \nu_n}(\omega^{(n+p)}) \in U_n$$

が成り立つ．集合 U_n は有界だから，点列 $\{\omega^{(n)}\}$ の中から，部分点列

$$\omega^{(n_1)}, \omega^{(n_2)}, \cdots, \omega^{(n_i)}, \cdots$$

を，対応する座標 $x_{\nu_k}^{(n_i)}$ が各 k について一定の極限 x_k に収束するものとして選ぶことができる（対角線法による）．最後に，座標

$$\left. \begin{array}{l} x_{\nu_k} = x_k \quad (k=1,2,\cdots) \\ x_\nu = 0 \quad (\nu \neq \nu_k) \end{array} \right\}$$

をもつ集合 Ω の点を ω とする．

点列 $(x_{\nu_1}^{(n_i)}, x_{\nu_2}^{(n_i)}, \cdots, x_{\nu_k}^{(n_i)})$ $(i=1,2,\cdots)$ の極限として，点 $(x_1, x_2, \cdots, x_k)$ は集合 U_k に含まれるから，ω は任意の k について

$$A_k \subseteq V_k = \pi_{\nu_1, \nu_2, \cdots, \nu_n}^{-1}(U_k)$$

に含まれ，それゆえ積

$$A = \bigcap_k A_k$$

に含まれる．これで定理が証明された．

§5. 同値な確率変数，各種の収束

この節からは，ボレル確率空間 $(\Omega, \mathcal{F}, \mathsf{P})$ だけを考えることにする．第2章の§2ですでに述べたとおり，これは目下の研究にとって，なんら本質的な制限とはならない．

定義1 2つの確率変数 ξ と η は，関係 $\xi \neq \eta$ の成り立つ確率が0であるとき，**同値である**という．

明らかに，2つの同値な確率変数は同じ確率関数をもつ，すなわち
$$P_\xi(A) = P_\eta(A)$$
となる．したがって，このとき分布関数 F_ξ と F_η も一致する．確率論の多くの問題では，すべての確率変数を，それと同値な任意の確率変数で置き換えることができる．

さて，
$$\xi_1, \xi_2, \cdots, \xi_n, \cdots \tag{1}$$
を確率変数列とし，変数列 (1) が収束する，すべての根元事象 ω の集合 A を考えよう．不等式
$$|\xi_{n+k} - \xi_n| < \frac{1}{m} \quad (k = 1, 2, \cdots, p)$$
をすべて満たす ω 全体の集合を $A_{np}^{(m)}$ で表せば，
$$A = \bigcap_m \bigcap_n \bigcup_p A_{np}^{(m)} \tag{2}$$
がただちに得られる．§3から，集合 $A_{np}^{(m)}$ はつねに σ-集合体 $\mathcal{F}$ に含まれ，また関係式 (2) から，A もまた $\mathcal{F}$ に含まれることが言える．したがって，確率変数の列が収束

する確率について述べることは，全く明確な意味をもつ．

いま，集合 A の確率 $P(A)$ が 1 に等しいとする．このとき，変数列 (1) はある確率変数 ξ に**確率 1 で収束する**という．この確率変数 ξ は同値なものを同一視して一意的に定まる．

このような確率変数を作るために，A 上では

$$\xi = \lim_n \xi_n$$

とし，A 以外では $\xi = 0$ とおく．ここで，ξ が確率変数であること，すなわち，$\xi < x$ となる要素 ω の集合 $A(x)$ が集合体 $\mathcal{F}$ に含まれることを証明しなければならないが，$x \leq 0$ の場合には

$$A(x) = A \bigcup_n \bigcap_p \{\omega : \xi_{n+p} < x\}$$

で，それ以外の場合には

$$A(x) = A \bigcup_n \bigcap_p \{\omega : \xi_{n+p} < x\} + \overline{A}$$

であることから，上の主張が正しいことがただちに導かれる．

定義 2 変数列 $\xi_1, \xi_2, \cdots$ が ξ に収束する確率が 1 に等しいとき，この数列は**ほとんど確実に** ξ **に収束する**という．

しかし確率論では，これとは別の形の収束のほうが，場合によってはもっと重要である．

定義3 任意の $\varepsilon > 0$ について,$n \to \infty$ のとき
$$P\{|\xi_n - \xi| > \varepsilon\} \to 0$$
であれば,確率変数列 $\xi_1, \xi_2, \cdots$ は ξ に**確率収束**するという[1]. 確率収束に関するいくつかの事項を述べておく.

Ⅰ. 変数列 (1) が ξ にも ξ' にも同時に確率収束するならば,ξ と ξ' は同値である. これを証明する.

この場合,

$$P\left\{|\xi - \xi'| > \frac{1}{m}\right\}$$
$$\leq P\left\{|\xi - \xi_n| > \frac{1}{2m}\right\} + P\left\{|\xi' - \xi_n| > \frac{1}{2m}\right\}$$

が成り立つ. n を十分大きくすれば右辺の確率はいくらでも小さくなるから,

$$P\left\{|\xi - \xi'| > \frac{1}{m}\right\} = 0$$

となり,したがって

$$P\{\xi \neq \xi'\} \leq \sum_m P\left\{|\xi - \xi'| > \frac{1}{m}\right\} = 0$$

がただちに得られる.

Ⅱ. 変数列 (1) がほとんど確実に ξ に収束するならば,(1) はまた ξ にも確率収束する.

変数列 (1) の収束集合を A とすると,

---

[1] 確率収束の概念はベルヌーイによるものであるが,完全な一般化を行ったのは Slutsky [1] である.

$$1 = \mathsf{P}(A) \leq \varliminf_n \mathsf{P}\{|\xi_{n+p} - \xi| < \varepsilon, \quad p = 0, 1, 2, \cdots\}$$
$$\leq \varliminf_n \mathsf{P}\{|\xi_n - \xi| < \varepsilon\}$$

であり,このことから確率収束が導かれる.

Ⅲ. 変数列 (1) が確率収束するための必要十分条件は,任意の $\varepsilon > 0$ に対して n が存在して,各 $p > 0$ について,不等式

$$\mathsf{P}\{|\xi_{n+p} - \xi_n| > \varepsilon\} < \varepsilon$$

が満たされることである.

次に,確率変数 $\xi, \xi_1, \xi_2, \cdots$ の分布関数をそれぞれ $F(x), F_1(x), F_2(x), \cdots$ とする.変数列 $\xi_1, \xi_2, \cdots$ が ξ に確率収束するならば,分布関数 $F(x)$ は,関数 $F_n(x)$ の値によって一意的に定まる.それは,次の定理が成り立つからである.

定理 変数列 $\xi_1, \xi_2, \cdots$ が ξ に確率収束するならば,対応する分布関数列 $F_n(x)$ は,確率変数 ξ の分布関数 $F(x)$ に,これが連続である各点で収束する.

証明 $F(x)$ が $\{F_n(x)\}$ によって実際に定まることは,左連続な単調関数 $F(x)$ が,連続な各点の値によって一意的に定められるということから導かれる[1].収束に

---

[1] 実際,$F(x)$ の不連続点は高々可算個である(例えば,Lebesgue [1], p.70 を参照).したがって,連続な点はいたるところ稠密であり,不連続な点における関数 $F(x)$ の値は,その点の左側の連続点での値の極限として定められる.

ついての主張を証明するために，$F(x)$ が点 x で連続であると仮定する．$x'<x$ とすると，$\xi<x', \xi_n \geqq x$ のとき $|\xi_n-\xi|>x-x'$ だから，

$$\lim_n \mathsf{P}\{\xi<x', \xi_n \geqq x\} = 0$$

したがって
$$\begin{aligned}F(x') &= \mathsf{P}\{\xi<x'\} \\ &\leqq \mathsf{P}\{\xi_n<x\}+\mathsf{P}\{\xi<x', \xi_n \geqq x\} \\ &= F_n(x)+\mathsf{P}\{\xi<x', \xi_n \geqq x\},\end{aligned}$$

$$F(x') \leqq \liminf_n F_n(x) + \lim_n \mathsf{P}\{\xi<x', \xi_n \geqq x\},$$

$$F(x') \leqq \liminf_n F_n(x) \qquad (3)$$

となる．同様に，$x''>x$ であれば，関係

$$F(x'') \geqq \limsup_n F_n(x) \qquad (4)$$

が導かれる．$x' \to x$（左側から），$x'' \to x$（右側から）のとき $F(x'), F(x'')$ は $F(x)$ に収束するから，(3),(4) より

$$\lim_n F_n(x) = F(x)$$

が言える．これで定理が証明された．

第4章 期待値

§1. 抽象ルベーグ積分

ξ を確率変数とし，A を $\mathcal{F}$ の集合とする[1]．ある正数 λ について，和

$$S_\lambda = \sum_{k=-\infty}^{+\infty} k\lambda \mathsf{P}[\{k\lambda \leqq \xi < (k+1)\lambda\} \cap A] \quad (1)$$

を考える．すべての λ についてこの級数が絶対収束するならば，$\lambda \to 0$ のとき S_λ は一定の極限値に収束する．この極限値を積分といい，

$$\int_A \xi(\omega) \mathsf{P}(d\omega) \quad (2)$$

と表す．抽象的なこの形式で積分の概念を導入したのはフレシェである[2]．抽象ルベーグ積分は，とくに確率論では欠くことができない．（仮説 A の下での変数 ξ の条件つき期待値について通常行われる定義が，乗数の精度内で積分 (2) の定義と正確に一致することが，この後の節を読めばわかるだろう．）

---

[1] 第3章 §5 で述べたように，本章以降も**ボレル確率空間**だけを考えることにする．
[2] Fréchet [3] を参照．

ここで，(2) の形式の積分がもつもっとも重要な性質を簡潔に列挙しておく．それらの証明は実関数論の教科書ならどんなものにも載っているだろうが，大抵は P が R^n における集合のルベーグ測度である場合についてしか証明されていない．そのような証明を一般の場合へ拡張することは，数学的には何も新たな問題にはならず，証明の大部分が一語一句まったく同じものとなる[1]．

Ⅰ．確率変数 ξ が A 上で積分可能ならば，$\mathcal{F}$ に含まれる A の各部分集合 A' 上でも積分可能である．

Ⅱ．ξ が A 上で積分可能で，A が $\mathcal{F}$ の共通部分をもたない高々可算個の集合 A_n に分割されるならば，

$$\int_A \xi(\omega) P(d\omega) = \sum_n \int_{A_n} \xi(\omega) P(d\omega)$$

である．

Ⅲ．ξ が積分可能ならば，$|\xi|$ も積分可能で，このとき

$$\left| \int_A \xi(\omega) P(d\omega) \right| \leq \int_{A_n} |\xi(\omega)| P(d\omega)$$

である．

Ⅳ．各事象 ω について不等式 $0 \leq \eta(\omega) \leq \xi(\omega)$ が成り立てば，$\xi(\omega)$ とともに $\eta(\omega)$ も積分可能であって[2]，このとき

---

1) Kolmogorov-Fomin [1] を参照．
2) ここでは $\eta(\omega)$ を確率変数——一般の積分論の用語で言うと，$\mathcal{F}$ に関して可測——と仮定する．

$$\int_A \eta(\omega)\mathsf{P}(d\omega) \leqq \int_A \xi(\omega)\mathsf{P}(d\omega)$$

である.

Ⅴ. 2つの定数 m, M について $m \leqq \xi(\omega) \leqq M$ ならば,

$$m\mathsf{P}(A) \leqq \int_A \xi(\omega)\mathsf{P}(d\omega) \leqq M\mathsf{P}(A)$$

である.

Ⅵ. $\xi(\omega), \eta(\omega)$ が積分可能ならば, K, L を実数として $K\xi(\omega)+L\eta(\omega)$ も積分可能で, このとき

$$\int_A [K\xi(\omega)+L\eta(\omega)]\,\mathsf{P}(d\omega)$$
$$= K\int_A \xi(\omega)\mathsf{P}(d\omega) + L\int_A \eta(\omega)\mathsf{P}(d\omega).$$

である.

Ⅶ. 級数

$$\sum_n \int_A |\xi_n(\omega)|\mathsf{P}(d\omega)$$

が収束するならば, 級数

$$\sum_n \xi_n(\omega) = \xi(\omega)$$

は, $\mathsf{P}(B)=0$ である集合 B を除いて, 集合 A の各点で収束する. 集合 $A-B$ 以外のすべての点で $\xi(\omega)=0$ であるとすれば,

$$\int_A \xi(\omega)\mathsf{P}(d\omega) = \sum_n \int_A \xi_n(\omega)\mathsf{P}(d\omega)$$

となる.

Ⅷ. $\xi(\omega), \eta(\omega)$ が同値 ($\mathsf{P}\{\xi(\omega) \neq \eta(\omega)\} = 0$) ならば,$\mathcal{F}$ の各集合 A について

$$\int_A \xi(\omega) \mathsf{P}(d\omega) = \int_A \eta(\omega) \mathsf{P}(d\omega) \tag{3}$$

である.

Ⅸ. (3) が $\mathcal{F}$ のすべての集合 A について成り立つならば, $\xi(\omega)$ と $\eta(\omega)$ は同値である.

さらに, 積分についての先の定義から次の2つの性質が得られる. これらは通常のルベーグの理論にはないものである.

Ⅹ. $\mathsf{P}_1, \mathsf{P}_2$ を同一の σ-集合体 $\mathcal{F}$ 上で定義された2つの確率関数とする. また, $\mathsf{P} = \mathsf{P}_1 + \mathsf{P}_2$ とし, $\xi = \xi(\omega)$ が $\mathsf{P}_1, \mathsf{P}_2$ に関して集合 A 上で積分可能であるとする. このとき

$$\int_A \xi(\omega) \mathsf{P}(d\omega) = \int_A \xi(\omega) \mathsf{P}_1(d\omega) + \int_A \xi(\omega) \mathsf{P}_2(d\omega)$$

である.

Ⅺ. すべての有界な確率変数は積分可能である.

§2. 期待値と条件つき期待値

$\xi = \xi(\omega)$ を積分可能な確率変数とする. 確率論においては, 積分

$$\mathsf{E}\xi = \int_\Omega \xi(\omega) \mathsf{P}(d\omega)$$

を, 変数 ξ の**期待値**という.

上で述べた性質 III, IV, V, VI, VII, VIII, IX から, 次のことが導かれる.

I. $|\mathsf{E}\xi| \leqq \mathsf{E}|\xi|$.
II. $0 \leqq \eta(\omega) \leqq \xi(\omega)$ であれば $\mathsf{E}\eta \leqq \mathsf{E}\xi$.
III. $\inf_\omega \xi(\omega) \leqq \mathsf{E}\xi \leqq \sup_\omega \xi(\omega)$.
IV. $\mathsf{E}(K\xi + L\eta) = K\mathsf{E}\xi + L\mathsf{E}\eta$.
V. 級数 $\sum_n \mathsf{E}|\xi_n|$ が収束すれば, $\mathsf{E}\left(\sum_n \xi_n\right) = \sum_n \mathsf{E}\xi_n$.
VI. ξ, η が同値ならば $\mathsf{E}\xi = \mathsf{E}\eta$.
VII. すべての有界な確率変数は期待値をもつ.

積分の定義から

$$\mathsf{E}\xi = \lim_{\lambda \to 0} \sum_{k=-\infty}^{+\infty} k\lambda \mathsf{P}\{k\lambda \leqq \xi(\omega) < (k+1)\lambda\}$$

$$= \lim_{\lambda \to 0} \sum_{k=-\infty}^{+\infty} k\lambda [F_\xi((k+1)\lambda) - F_\xi(k\lambda)]$$

が得られる. 2行目はスティルチェス積分 $\displaystyle\int_{-\infty}^{\infty} xF_\xi(dx)$ の通常の定義そのものである. したがって,

$$\mathsf{E}\xi = \int_{-\infty}^{\infty} xF_\xi(dx) \tag{1}$$

が成り立つ. こうして, 式 (1) を期待値 $\mathsf{E}\xi$ の定義としてもよいことになる.

いま, 根元事象 ω の関数を $\xi = \xi(\omega)$ とし, ξ の一価関数 $\eta = \eta(\xi)$ で定義される確率変数を η とする. このとき

$$P\{k\lambda \leq \eta < (k+1)\lambda\} = P_\xi\{x : k\lambda \leq \eta(x) < (k+1)\lambda\}$$

が成り立つ. ここで P_ξ は ξ の確率関数である. 積分の定義から

$$\int_\Omega \eta(\xi(\omega))\mathsf{P}(d\omega) = \int_X \eta(x) P_\xi(dx)$$

となり, したがって

$$\mathsf{E}\eta = \int_X \eta(x) P_\xi(dx) \tag{2}$$

であることが導かれる. ここで, X は ξ のすべての可能な値の集合を表す.

とくに, $\xi = \xi(\omega)$ が確率変数である場合,

$$\begin{aligned}\mathsf{E} &= \int_\Omega \eta(\xi(\omega))\mathsf{P}(d\omega) = \int_R \eta(x) P_\xi(dx) \\ &= \int_{-\infty}^{\infty} \eta(x) F_\xi(dx)\end{aligned} \tag{3}$$

が成り立つ. $\eta = \eta(x)$ が連続であるとき, (3) 式の最後の積分は普通のスティルチェス積分である. しかし, 期待値 $\mathsf{E}\eta$ が存在しない場合でも, 積分

$$\int_{-\infty}^{\infty} \eta(x) F_\xi(dx)$$

が存在することもあることに注意しなければならない. $\mathsf{E}\eta$ が存在するための必要十分条件は, 積分

$$\int_{-\infty}^{\infty} |\eta(x)| F_\xi(dx)$$

が有限なことである[1].

$\xi = (\xi_1, \xi_2, \cdots \xi_n)$ が, 座標が確率変数である空間 R^n の点であれば, (2) の結果として

$$\mathsf{E}\eta = \int \cdots \int_{R^n} \eta(x_1, x_2, \cdots, x_n) P_{\xi_1, \xi_2, \cdots, \xi_n}(dx_1, \cdots, dx_n) \tag{4}$$

が得られる.

すでに述べたように, $\mathsf{P}(B) > 0$ であれば, 条件つき確率 $\mathsf{P}(\cdot|B)$ は (集合 B を固定したとき) 確率関数としてのすべての性質をもつ. この条件つき確率についての積分

$$\mathsf{E}(\xi|B) = \int_\Omega \xi(\omega) \mathsf{P}(d\omega|B) \tag{5}$$

を, 事象 B に関する確率変数 $\xi = \xi(\omega)$ の**条件つき期待値**という.

$$\mathsf{P}(\overline{B}|B) = 0$$

$$\int_{\overline{B}} \xi(\omega) \mathsf{P}(d\omega|B) = 0$$

であるから, (5) より等式

$$\begin{aligned}\mathsf{E}(\xi|B) &= \int_\Omega \xi(\omega) \mathsf{P}(d\omega|B) \\ &= \int_B \xi(\omega) \mathsf{P}(d\omega|B) + \int_{\overline{B}} \xi(\omega) \mathsf{P}(d\omega|B) \\ &= \int_B \xi(\omega) \mathsf{P}(d\omega|B)\end{aligned}$$

---

1) Glivenko [1] を参照.

が得られる．$A \subseteq B$ であって，$P(B) > 0$ である場合に
$$P(A|B) = \frac{P(AB)}{P(B)} = \frac{P(A)}{P(B)}$$
となることを用いて，
$$\mathsf{E}(\xi|B) = \frac{1}{\mathsf{P}(B)} \int_B \xi(\omega) \mathsf{P}(d\omega) \tag{6}$$
$$\mathsf{P}(B)\mathsf{E}(\xi|B) = \int_B \xi(\omega) \mathsf{P}(d\omega) \tag{7}$$
が得られる．最後に，(6) と等式
$$\int_{A+B} \xi(\omega)\mathsf{P}(d\omega) = \int_A \xi(\omega)\mathsf{P}(d\omega) + \int_B \xi(\omega)\mathsf{P}(d\omega)$$
から，等式
$$\mathsf{E}(\xi|A+B) = \frac{\mathsf{P}(A)\mathsf{E}(\xi|A) + \mathsf{P}(B)\mathsf{E}(\xi|B)}{\mathsf{P}(A+B)} \tag{8}$$
が得られる．とくに $0 < \mathsf{P}(A) < 1$ ならば，公式
$$\mathsf{E}\xi = \mathsf{P}(A)\mathsf{E}(\xi|A) + \mathsf{P}(\overline{A})\mathsf{E}(\xi|\overline{A}) \tag{9}$$
が得られる．

§3. チェビシェフの不等式

$f = f(x)$ は実変数 x の非負の関数であって，$x \geq a$ のとき $f(x)$ の値は $b > 0$ より小さくなることはないものとする．このとき，任意の確率変数 $\xi = \xi(\omega)$ について，（期待値 $\mathsf{E}f(\xi)$ が存在するとして）
$$\mathsf{P}\{\xi(\omega) \geq a\} \leq \frac{\mathsf{E}f(\xi)}{b} \tag{1}$$

が成り立つ.

実際, (1) は
$$Ef(\xi) = \int_\Omega f(\xi(\omega))P(d\omega)$$
$$\geq \int_{\{\omega:\xi(\omega)\geq a\}} f(\xi(\omega))P(d\omega)$$
$$\geq bP\{\xi(\omega)\geq a\}$$

から,ただちに得られる.

例えば, c を任意の正数として

$$P\{\xi(\omega)\geq a\} \leq \frac{Ee^{c\xi}}{e^{ca}} \tag{2}$$

が成り立つ.

関数 $f(x)$ は非負の偶関数であって, x が正のとき非減少であるとする.このとき,確率変数 $\xi=\xi(\omega)$ について,任意の定数 $a>0$ をとれば,不等式

$$P\{|\xi(\omega)|\geq a\} \leq \frac{Ef(\xi)}{f(a)} \tag{3}$$

が成り立つ.

とくに,

$$P\{|\xi-E\xi|\geq a\} \leq \frac{Ef(\xi-E\xi)}{f(a)} \tag{4}$$

である.特別に重要なのは $f(x)=x^2$ の場合で,このとき (3) から**チェビシェフの不等式**

$$P\{|\xi(\omega)|\geq a\} \leq \frac{E\xi^2}{a^2} \tag{5}$$

が得られる．また，(4) から

$$P\{|\xi - E\xi| \geq a\} \leq \frac{E(\xi - E\xi)^2}{a^2} = \frac{D\xi}{a^2} \qquad (6)$$

が得られる．ここで，

$$D\xi = E(\xi - E\xi)^2$$

を確率変数 ξ の**分散**という．簡単な計算によって

$$D\xi = E\xi^2 - (E\xi)^2$$

が導かれる．関数 $f(x)$ が有界，すなわち

$$|f(x)| \leq K$$

であれば，$P\{|\xi(\omega)| \geq a\}$ の下側の限界を求めることができる．実際,

$$\begin{aligned}
Ef(\xi) &= \int_\Omega f(\xi(\omega)) P(d\omega) \\
&= \int_{\{\omega:|\xi(\omega)|<a\}} f(\xi(\omega)) P(d\omega) \\
&\quad + \int_{\{\omega:|\xi(\omega)|\geq a\}} f(\xi(\omega)) P(d\omega) \\
&\leq f(a) P\{|\xi(\omega)|<a\} + K P\{|\xi(\omega)|\geq a\} \\
&\leq f(a) + K P\{|\xi(\omega)|\geq a\}
\end{aligned}$$

だから，

$$P\{|\xi(\omega)| \geq a\} \geq \frac{Ef(\xi) - f(a)}{K} \qquad (7)$$

が得られる．

関数 $f(x)$ でなく確率変数 $\xi = \xi(\omega)$ そのものが有界，すなわち

$$|\xi(\omega)| \leqq M$$
であれば，$f(\xi(\omega)) \leqq f(M)$ であり，(7) の代わりに式
$$\mathsf{P}\{|\xi(\omega)| \geqq a\} \geqq \frac{\mathsf{E}f(\xi) - f(a)}{f(M)} \qquad (8)$$
が得られる．$f(x) = x^2$ の場合には，(8) から
$$\mathsf{P}\{|\xi(\omega)| \geqq a\} \geqq \frac{\mathsf{E}\xi^2 - a^2}{M^2} \qquad (9)$$
が得られる．

§4. 収束条件

$$\xi_1, \xi_2, \cdots, \xi_n, \cdots \qquad (1)$$
を確率変数列とする．また，$f = f(x)$ が非負の偶関数であって，x が正のとき単調増加関数であるとする[1]．このとき，次の定理が成り立つ．

Ⅰ．変数列 (1) が確率収束するための十分条件は，任意の $\varepsilon > 0$ に対して n が存在して，各 $p > 0$ について，不等式
$$\mathsf{E}f(\xi_{n+p} - \xi_n) < \varepsilon \qquad (2)$$
が満たされることである．

Ⅱ．変数列 (1) が ξ に確率収束するための十分条件は，
$$\lim_{n \to +\infty} \mathsf{E}f(\xi_n - \xi) = 0 \qquad (3)$$

---

[1] したがって，$x \neq 0$ ならば $f(x) > 0$．

が成り立つことである.

Ⅲ. $f(x)$ が有界な連続関数であり，$f(0)=0$ であれば，Ⅰ, Ⅱの条件は必要条件でもある.

Ⅳ. $f(x)$ が連続関数で $f(0)=0$ であり，またすべての確率変数

$$\xi_1, \xi_2, \cdots, \xi_n, \cdots$$

が全体で有界ならば，Ⅰ, Ⅱの条件は必要条件でもある.

ⅡとⅣから，とくに次の定理が得られる.

Ⅴ. 変数列 (1) が ξ に確率収束するための十分条件は，

$$\lim_{n \to +\infty} \mathsf{E}(\xi_n - \xi)^2 = 0 \tag{4}$$

が成り立つことである.

さらに，$\xi_1, \xi_2, \cdots, \xi_n, \cdots$ が全体で有界ならば，(4) は必要条件でもある.

Ⅰ-Ⅳの証明については，Slutsky [1] と Fréchet [1] を参照のこと. ただし，これらの定理は前節の公式 (3) と (8) からほぼそのままで導かれる.

§5. 期待値のパラメータについての微分と積分

各根元事象 ω に，実変数 t による実関数 $\xi_t(\omega)$ を対応させよう.

定義 t を固定したときに変数 $\xi_t(\omega)$ が確率変数となれ

ば，$\xi = \{\xi_t(\omega), -\infty < t < \infty\}$ を**確率過程**[*]という．

ここで，1つの疑問が生じる．期待値の記号と積分記号・微分記号との順序の入れ換えができるのはどのような条件が満たされるときだろうか？ 次の2つの定理はこの問題を論じ尽してはいないが，多くの単純な場合には，これらでも十分な解答となりうる．

定理1 期待値 $\mathsf{E}\xi_t(\omega)$ が任意の t について有限であり，$\xi_t(\omega)$ が（任意の ω に対して，t について）微分可能であるとする．導関数 $\xi'_t(\omega) = \dfrac{d\xi_t(\omega)}{dt}$ の絶対値がある定数 M よりつねに小さいとき，

$$\frac{d}{dt}\mathsf{E}\xi_t(\omega) = \mathsf{E}\xi'_t(\omega)$$

が成り立つ．

定理2 $\xi_t(\omega)$ の絶対値がある定数 K よりつねに小さく，リーマン積分可能であれば，

$$\int_a^b \mathsf{E}\xi_t(\omega)dt = \mathsf{E}\left[\int_a^b \xi_t(\omega)dt\right]$$

が成り立つ．ただし，$\mathsf{E}\xi_t(\omega)$ はリーマン積分可能であるとする．

定理1の証明 まず，確率変数

---

[*] 原書では偶然要因に依存する時間の関数と見なして「彷徨関数」となっているが，日本語訳ではより一般的な用語を用いる．〔訳注〕

$$\frac{\xi_{t+h}(\omega)-\xi_t(\omega)}{h} \quad \left(h=1,\frac{1}{2},\cdots,\frac{1}{n},\cdots\right)$$

の極限としての $\xi_t'(\omega)$ もまた確率変数であることに注意する．$\xi_t'(\omega)$ は有界だから，（§2の期待値の性質Ⅶより）期待値 $\mathsf{E}\xi_t'(\omega)$ は存在する．ここで t を固定し，事象

$$\left\{\omega:\left|\frac{\xi_{t+h}(\omega)-\xi_t(\omega)}{h}-\xi_t'(\omega)\right|>\varepsilon\right\}$$

を A で表すことにする．このとき，確率 $\mathsf{P}(A)$ は，すべての $\varepsilon>0$ について，$h\to 0$ のとき 0 に収束する．また，

$$\left|\frac{\xi_{t+h}(\omega)-\xi_t(\omega)}{h}\right|\leq M, \quad |\xi_t'(\omega)|\leq M$$

がつねに成り立ち，さらに $\omega\in\overline{A}$ の場合

$$\left|\frac{\xi_{t+h}(\omega)-\xi_t(\omega)}{h}-\xi_t'(\omega)\right|\leq \varepsilon$$

が成り立つから，

$$\left|\frac{\mathsf{E}\xi_{t+h}(\omega)-\mathsf{E}\xi_t(\omega)}{h}-\mathsf{E}\xi_t'(\omega)\right|$$
$$\leq \mathsf{E}\left|\frac{\xi_{t+h}(\omega)-\xi_t(\omega)}{h}-\xi_t'(\omega)\right|$$
$$= \mathsf{P}(A)\mathsf{E}\left\{\left|\frac{\xi_{t+h}(\omega)-\xi_t(\omega)}{h}-\xi_t'(\omega)\right|\Big|A\right\}$$
$$\quad +\mathsf{P}(\overline{A})\mathsf{E}\left\{\left|\frac{\xi_{t+h}(\omega)-\xi_t(\omega)}{h}-\xi_t'(\omega)\right|\Big|\overline{A}\right\}$$
$$\leq 2M\mathsf{P}(A)+\varepsilon$$

となる．

ここで, $\varepsilon>0$ を任意にとることができ, h を十分小さくすれば $\mathsf{P}(A)$ はいくらでも小さくなるから,

$$\frac{d}{dt}\mathsf{E}\xi_t(\omega) = \lim_{h\to 0}\frac{\mathsf{E}\xi_{t+h}(\omega)-\mathsf{E}\xi_t(\omega)}{h}$$
$$= \mathsf{E}\xi'_t(\omega)$$

となる. これで定理が証明された.

定理2の証明

$$S_n = h\sum_{k=1}^{n}\xi_{a+kh}(\omega), \quad h=\frac{b-a}{n}$$

とする. S_n は $S=\int_a^b \xi_t(\omega)dt$ に収束するから, $n\geqq N$ のとき, 不等式

$$\mathsf{P}\{|S_n-S|>\varepsilon\}<\varepsilon$$

が成り立つような N を, 任意の $\varepsilon>0$ について選ぶことができる. $A=\{|S_n-S|>\varepsilon\}$ として

$$S_n^* = h\sum_{k=1}^{n}\mathsf{E}\xi_{a+kh}(\omega) = \mathsf{E}S_n$$

とおけば,

$$|S_n^* - \mathsf{E}S| = |\mathsf{E}(S_n-S)| \leqq \mathsf{E}|S_n-S|$$
$$= \mathsf{P}(A)\mathsf{E}\{|S_n-S||A\}+\mathsf{P}(\overline{A})\mathsf{E}\{|S_n-S||\overline{A}\}$$
$$\leqq 2K\mathsf{P}(A)+\varepsilon \leqq (2K+1)\varepsilon$$

となるから, S_n^* は $\mathsf{E}S$ に収束する. したがって等式

$$\int_a^b \mathsf{E}\xi_t(\omega)dt = \lim_n S_n^* = \mathsf{E}S$$

が得られる.

定理2は，2重，3重，あるいはそれ以上の多重積分についても容易に一般化される．ここで，この定理を，幾何学的確率に関する1つの例に適用する．

偶然的に形が定まる平面上の1つの可測領域を $G = G(\omega)$ とする．すなわち，各根元事象 $\omega \in \Omega$ に，平面上の定まった可測領域 G を対応させる．領域 G の面積を S_G で表し，点 (x, y) が領域 G に含まれる確率を $\mathsf{P}(x, y)$ で表す．このとき，

$$\mathsf{E}S_G = \iint \mathsf{P}(x, y) dx\, dy$$

が成り立つ．これを証明するためには，

$$S_G = \iint f_G(x, y) dx\, dy$$

$$\mathsf{P}(x, y) = \mathsf{E}f_G(x, y)$$

に注意すればよい．ここで，$f_G(x, y)$ は領域 G の定義関数（G 上では $f_G(x, y) = 1$ で，G 以外では $f_G(x, y) = 0$）である[1]．

---

[1] Kolmogorov-Leontowitsch [1] を参照．

第5章 条件つき確率と条件つき期待値

§1. 条件つき確率

第1章§6で，試行 $\mathfrak{A}$ に関する事象 B の条件つき確率 $\mathsf{P}(B|\mathfrak{A})$ を定義したが，そこでは $\mathfrak{A}$ はただ有限個の異なる可能な結果だけを持つものと仮定されていた．しかし，$\mathsf{P}(B|\mathfrak{A})$ の定義を，試行 $\mathfrak{A}$ が**無限個の可能な結果**を持ち，その集合が共通部分をもたない無限個の部分集合に分割される場合にも行うことができる．特にこのような分割は，ω の任意の関数 $\xi=\xi(\omega)$ を考え，集合 $\{\omega:\xi(\omega)=$ 定数 $\}$ を分割 $\mathfrak{A}=\mathfrak{A}_\xi$ の要素として定義することによって得られる．

条件つき確率 $\mathsf{P}(B|\mathfrak{A}_\xi)$ は $\mathsf{P}(B|\xi)$ とも表される．集合 Ω のどの分割 $\mathfrak{A}$ を，ω の関数 $\xi=\xi(\omega)$ で"導かれる"分割 $\mathfrak{A}_\xi$ としても定義してよい．ただしその場合，各 ω に，$\xi(\omega)$ として分割 $\mathfrak{A}$ の ω を含む集合を対応させることにする．

ω の2つの関数 ξ,η によって集合 Ω の同じ分割（$\mathfrak{A}_\xi=\mathfrak{A}_\eta$）が定まるための必要十分条件は，これらの値の間に，$\eta(\omega)=f(\xi(\omega))$ である1対1の対応 $y=f(x)$ が存在することである．この場合，以下で定義する確率変数 $\mathsf{P}(B|\xi)$

と $P(B|\eta)$ が一致することを読者は容易に確かめられる．したがって，基本的にはこれらの確率変数は同じ分割 $\mathfrak{A}_\xi = \mathfrak{A}_\eta$ によって定まる．

$P(B|\xi)$ を定義するのに，等式
$$P(B|\xi \in A) = \mathsf{E}\left[P(B|\xi)|\xi \in A\right] \tag{1}$$
を用いることができる．

すべての可能な ξ の値の集合 X が有限であれば，A をどのように選んでも等式 (1) が成り立つことは容易に示される（この場合，$P(B|\xi)$ は第1章§6のように定義される）．一般の場合（$P(B|\xi)$ がまだ定義されない場合）については，以下に証明するように，ξ の（ボレル）関数として定義され，また $P_\xi(A) > 0$ である $\mathcal{F}_\xi$ の各集合 A について等式 (1) を満たす確率変数 $P(B|\xi)$ が，同値な変数を同一視してただ1つつねに存在することを示せばよい．このように（同値な変数を同一視して）定義される ξ の関数 $P(B|\xi)$ を，ξ に関する（または与えられた ξ についての）B の条件つき確率という．$\xi = x$ のときの $P(B|\xi)$ 値を $P(B|\xi = x)$ と表す．

$P(B|\xi=x)$ の存在と一意性の証明 (1) の両辺に $P\{\xi \in A\} = P_\xi(A)$ を乗じると，左辺は
$$P\{\xi \in A\} P(B|\xi \in A) = P(B \cap \{\xi \in A\})$$
$$= P(B \cap \xi^{-1}(A))$$
となり，右辺は

$$P\{\xi \in A\}\mathsf{E}\left[\mathsf{P}(B|\xi)|\xi \in A\right] = \int_{\{\omega:\xi \in A\}} \mathsf{P}(B|\xi)\mathsf{P}(d\omega)$$
$$= \int_A \mathsf{P}(B|\xi=x)P_\xi(dx)$$

となるから，等式

$$\mathsf{P}(B \cap \xi^{-1}(A)) = \int_A \mathsf{P}(B|\xi=x)P_\xi(dx) \qquad (2)$$

が成り立つ．逆に，(1) は (2) から導かれる．

$P_\xi(A) = 0$ の場合，(1) は意味をもたないが，等式 (2) は自明である．したがって，条件 (2) は (1) と同値である．

積分の性質Ⅸ（第4章§1）により，確率変数 $\eta = \eta(\omega)$ は積分

$$\int_B \eta(\omega)\mathsf{P}(d\omega) \quad (B \in \mathcal{F})$$

の値を用いて，同値な変数を同一視して一意的に定義される．$\mathsf{P}(B|\xi=x)$ は確率空間 $(X, \mathcal{F}_\xi, P_\xi)$ で決まる確率変数だから，それゆえこの変数は公式 (2) によって（同値な変数を同一視して）一意的に決まる．これで一意性が証明された．

つづいて，$\mathsf{P}(B|\xi)$ の**存在**を証明しなければならない．これを証明するために，次のラドン-ニコディムの定理を用いる[1]．

---

1) Nikodym [1], p.168 （定理Ⅲ）．Kolmogorov-Fomin [1] も参照のこと．

定理 Y のボレル集合体を $\mathcal{Y}$ とし，$(Y, \mathcal{Y})$ 上で定義された非負の完全加法的集合関数を P，また $(Y, \mathcal{Y})$ 上で定義された別の完全加法的集合関数を $\widetilde{\mathsf{P}}$ とする．さらに，$\mathsf{P}(A) = 0$ から $\widetilde{\mathsf{P}}(A) = 0$ が導かれるものとする．このとき，($\mathcal{Y}$ に関して) 可測で，$\mathcal{Y}$ の各集合 A について等式

$$\widetilde{\mathsf{P}}(A) = \int_A \varphi(y) \mathsf{P}(dy)$$

を満たす関数(確率論の用語では，確率変数) $\varphi = \varphi(y)$ が存在する．

この定理をいまの場合に適用するためには，次の命題を証明しなければならない．

1. $$\widetilde{\mathsf{P}}(A) = \mathsf{P}(B \cap \xi^{-1}(A))$$
は，$(X, \mathcal{F}_\xi)$ 上の完全加法的集合関数である．

2. $\widetilde{\mathsf{P}}(A) \neq 0$ から，不等式 $P_\xi(A) > 0$ が導かれる．

まず，この命題 2 は
$$0 \leq \mathsf{P}(B \cap \xi^{-1}(A)) \leq \mathsf{P}(\xi^{-1}(A)) = P_\xi(A)$$
から導かれる．命題 1 の証明では
$$A = \sum A_n$$
とおくと
$$\xi^{-1}(A) = \sum_n \xi^{-1}(A_n)$$

だから

$$B \cap \xi^{-1}(A) = \sum_n B \cap \xi^{-1}(A_n)$$

が成り立つ. P は完全加法的だから

$$\mathsf{P}(B \cap \xi^{-1}(A)) = \sum_n \mathsf{P}(B \cap \xi^{-1}(A_n))$$

が導かれる. これで存在が証明された.

等式 (1) から, ($A = X$ とおいて) 重要な公式
$$\mathsf{P}(B) = \mathsf{E}\,[\mathsf{P}(B|\xi)] \tag{3}$$
が得られる.

ここで, 条件つき確率に関する 2 つの基本性質を証明しておく.

定理1 ほとんど確実に, 不等式
$$0 \leq \mathsf{P}(B|\xi) \leq 1 \tag{4}$$
が成り立つ.

定理2 事象 $B, B_1, \cdots$ が $\mathcal{F}$ に含まれ,

$$B = \sum_n B_n$$

であるならば, 等式

$$\mathsf{P}(B|\xi) = \sum_n \mathsf{P}(B_n|\xi) \tag{5}$$

がほとんど確実に成り立つ.

$\mathsf{P}(B|\xi)$ についてのこれら 2 つの性質は, 確率関数 $\mathsf{P}(B)$ についての特徴的な性質——すなわち, $0 \leq \mathsf{P}(B) \leq$

1であることと $P(B)$ が完全加法的であること——に対応する. この性質から,絶対確率 $P(\cdot)$ の他の多くの性質についても,条件つき確率 $P(\cdot|\xi)$ の性質に移してよいことになる. しかし,集合 B が固定されている場合には,$P(B|\xi)$ は同値の変数を同一視して定められる変数となることを記憶しておかなければならない.

定理1の証明 証明しようとしている主張とは反対に,$P_\xi(M)>0$ である集合 M 上で,不等式 $P(B|\xi)\geqq 1+\varepsilon$ ($\varepsilon>0$) が成り立つと仮定する. すると等式 (1) から
$$P(B|\xi\in M) = \mathsf{E}\,[P(B|\xi)|\xi\in M]$$
$$\geqq 1+\varepsilon$$
となるが,これは明らかに成り立たない. これで証明が終わり,同様に,ほとんど確実に $P(B|\xi)\geqq 0$ であることも証明される.

定理2の証明 級数
$$\sum_n \mathsf{E}|P(B_n|\xi)| = \sum_n \mathsf{E}\,[P(B_n|\xi)]$$
$$= \sum_n P(B_n) = P(B)$$
が収束することから,期待値(第4章 §2)の性質Vにより,級数
$$\sum_n P(B_n|\xi)$$
がほとんど確実に収束することになる. 級数

$$\sum_n \mathsf{E}\left[\mathsf{P}(B_n|\xi)|\xi\in A\right] = \sum_n \mathsf{P}(B_n|\xi\in A)$$
$$= \mathsf{P}(B|\xi\in A)$$

は，$P_\xi(A)>0$ を満たす集合 A をどのように選んでも収束するから，期待値の性質Vとして述べたことにより，上のように選んだ A について，関係

$$\mathsf{E}\left[\sum_n \mathsf{P}(B_n|\xi)|\xi\in A\right] = \sum_n \mathsf{E}\left[\mathsf{P}(B_n|\xi)|\xi\in A\right]$$
$$= \mathsf{P}(B|\xi\in A)$$
$$= \mathsf{E}\left[\mathsf{P}(B|\xi)|\xi\in A\right]$$

が成り立つことになる．このことから，等式 (5) がただちに導かれる．

この節の最後に，2つの特殊な場合について述べておく．第1に，$\xi(\omega)\equiv C$ (C は定数) ならば，ほとんど確実に $\mathsf{P}(A|C)=\mathsf{P}(A)$ である．第2に，$\xi(\omega)=\omega$ ならば，$\mathsf{P}(A|\omega)$ は A 上ではほとんど確実に 1 に等しく，$\overline{A}$ 上ではほとんど確実に 0 に等しいことがただちに導かれる．したがって，$\mathsf{P}(A|\omega)$ は集合 A の**定義関数**であることがわかる．

§2. ボレルのパラドックスの解釈

基礎集合 Ω を球面上のすべての点の集合とし，$\mathcal{F}$ を球面のすべてのボレル集合の全体とする．最後に $\mathsf{P}(A)$ は集合 A の面積に比例するものとする．このとき，直径の

両端の点を極とすると，各子午線円は，地理学上の経度 ψ ($0 \leq \psi < \pi$) によって一意的に確定される．ψ は 0 から π まで変わるとして，(半円でなく) 子午線円を考えているから，緯度 θ は ($-\pi/2$ から $+\pi/2$ でなく) $-\pi$ から $+\pi$ まで変わるはずである．ここでボレルは，「与えられた経度 ψ に対する緯度 θ ($-\pi \leq \theta < +\pi$) の"条件つき確率分布"を決定すること」という問題を提起した．その値は

$$\mathrm{P}(\theta_1 \leq \theta < \theta_2 | \psi) = \frac{1}{4} \int_{\theta_1}^{\theta_2} |\cos \theta| d\theta$$

であることは容易に計算でき，与えられた ψ に対する θ の確率分布は**一様でない**ことになる．

ここで，"ω は与えられた子午線上にあると仮定して" θ の条件つき確率分布が一様でなければならないものとすると，ここで矛盾に陥ってしまう．

このことは，確率が 0 である条件が単独で仮定された場合には，条件つき確率の概念があてはまらないことを示している．子午線円上の θ の確率分布が得られるのは，この子午線円を，全球面を与えられた極を通る子午線円に分割したときの要素とみなす場合だけである．

§3. 確率変数についての条件つき確率

$\xi = \xi(\omega)$ を確率変数とすれば，条件つき確率 $\mathrm{P}(B|\xi)$ を初等的な方法でも定義できる．それを行うことにする．$\mathrm{P}(B) = 0$ の場合には，$\mathrm{P}(B|\xi) = 0$ とする．今度は，

$P(B) > 0$ の場合を考える.このとき,§1の公式 (2) は,

$$P(B)P(\xi \in A|B) = \int_A P(B|\xi=x)P_\xi(dx) \qquad (1)$$

あるいは

$$P(B)P_\xi(A|B) = \int_A P(B|\xi=x)P_\xi(dx)$$

と書ける.このことから,

$$P(B)F_\xi(a|B) = \int_{-\infty}^a P(B|\xi=x)F_\xi(dx) \qquad (2)$$

がただちに得られる.

ルベーグのある定理[1] を使うと,(2) から,等式

$$P(B|\xi=x)$$
$$= P(B) \cdot \lim_{h \to 0} \frac{F_\xi(x+h|B) - F_\xi(x|B)}{F_\xi(x+h) - F_\xi(x)} \qquad (3)$$

が得られる.この等式は,$P_\xi(H) = 0$ である点 x の集合 H を除いてつねに成り立つ.(3) の右辺の極限が存在しない場合には,$P(B|\xi=x) = 0$ とおいて等式 (3) を $P(B|\xi=x)$ の定義とみなせば,この新しい変数は§1のすべての要求を満たすことになる.

さらに,確率密度 $f_\xi(x)$ と $f_\xi(x|B)$ とが存在し,$f_\xi > 0$ であれば,等式 (3) は

$$P(B|\xi=x) = P(B)\frac{f_\xi(x|B)}{f_\xi(x)} \qquad (4)$$

---

[1] Lebesgue [1], pp. 245-246 を参照.

となる．

また，式 (3) を使うと，(3) における極限および確率密度 $f_\xi(x)$ の存在から，$f_\xi(x|B)$ の存在が導かれる．この場合，

$$\mathsf{P}(B)f_\xi(x|B) \leq f_\xi(x) \tag{5}$$

である．$\mathsf{P}(B)>0$ ならば，(4) から等式

$$f_\xi(x|B) = \frac{\mathsf{P}(B|\xi=x)f_\xi(x)}{\mathsf{P}(B)} \tag{6}$$

が得られる．

$f_\xi(x)=0$ の場合，(5) より $f_\xi(x|B)=0$ だから，(6) も成り立つ．さらに，ξ の分布が絶対連続ならば

$$\begin{aligned}
\mathsf{P}(B) = \mathsf{E}\left[\mathsf{P}(B|\xi)\right] &= \int_\Omega \mathsf{P}(B|\xi)\mathsf{P}(d\omega) \\
&= \int_{-\infty}^\infty \mathsf{P}(B|\xi=x)F_\xi(dx) \\
&= \int_{-\infty}^\infty \mathsf{P}(B|\xi=x)f_\xi(x)dx
\end{aligned} \tag{7}$$

が成り立つ．(6) と (7) から

$$f_\xi(x|B) = \frac{\mathsf{P}(B|\xi=x)f_\xi(x)}{\displaystyle\int_{-\infty}^\infty \mathsf{P}(B|\xi=x)f_\xi(x)dx} \tag{8}$$

が得られる．

この等式から，いわゆる**絶対連続分布に関するベイズの定理**が得られる．この定理が成り立つためには，$\mathsf{P}(B|\xi=x)$ がボレル可測の意味で可測であり，式 (3) で定義され

ること，また ξ の分布が（確率密度 $f_\xi(x)$ が存在する点 x で）絶対連続であることが仮定されていなければならない．

§4. 条件つき期待値

$\xi = \xi(\omega)$ を ω の任意の関数とし，$\eta = \eta(\omega)$ を確率変数とする．確率変数 $\mathsf{E}(\eta|\xi)$ が ξ の関数として表され，$P_\xi(A) > 0$ である $\mathcal{F}_\xi$ の任意の集合 A について，条件

$$\mathsf{E}(\eta|\xi \in A) = \mathsf{E}\left[\mathsf{E}(\eta|\xi)|\xi \in A\right] \tag{1}$$

を満たすとき，この $\mathsf{E}(\eta|\xi)$（存在するならば）を既知の値 ξ に関する確率変数 η の条件つき期待値という．

(1) 式の両辺に $P_\xi(A)$ をかけると，

$$\int_{\{\xi \in A\}} \eta(\omega) \mathsf{P}(d\omega) = \int_{\{\xi \in A\}} \mathsf{E}(\eta|\xi) \mathsf{P}(d\omega) \tag{2}$$

が得られる．

逆に，式 (2) から式 (1) が得られる．$P_\xi(A) = 0$ の場合，すなわち，(1) が意味をもたない場合も，(2) は自明である．条件つき確率（§1 を参照）のときと同じ方法で，$\mathsf{E}(\eta|\xi)$ は (2) から（同値な変数を同一視して）一意的に決まることが証明される．

$\xi(\omega) = x$ のときの $\mathsf{E}(\eta|\xi)$ の値を $\mathsf{E}(\eta|\xi = x)$ と書くことにする．また，$\mathsf{E}(\eta|\xi)$ は $\mathsf{P}(B|\xi)$ と同じように分割 $\mathfrak{A}_\xi$ にだけ依存するから，$\mathsf{E}(\eta|\mathfrak{A}_\xi)$ と表されることにも注意しておく．

$\mathsf{E}(\eta|\xi)$ の定義では，$\mathsf{E}\eta$ の存在が仮定されている（$A =$

X とおけば，$\mathsf{E}(\eta|\xi \in A) = \mathsf{E}\eta$．そこで，$\mathsf{E}\eta$ の存在は $\mathsf{E}(\eta|\xi)$ が存在するための十分条件であることを示そう．そのためには，ラドン-ニコディムの定理（§1参照）から，集合関数

$$Q(A) = \int_{\{\xi \in A\}} \eta(\omega) \mathsf{P}(d\omega)$$

が $\mathcal{F}_\xi$ 上で完全加法的であり，また $P_\xi(A)$ に関して絶対連続であることを示せばよい．完全加法性は条件つき確率（§1参照）の場合とまったく同じように証明される．絶対連続性を示すには，$Q(A) \neq 0$ から不等式 $P_\xi(A) > 0$ が得られればよい．$P_\xi(A) = \mathsf{P}(\xi \in A) = 0$ と仮定すれば，明らかに

$$Q(A) = \int_{\{\xi \in A\}} \eta(\omega) \mathsf{P}(d\omega) = 0$$

であるから，絶対連続性もまた満たされる．

等式 (1) において $A = X$ とおくと，
$$\mathsf{E}\eta = \mathsf{E}[\mathsf{E}(\eta|\xi)] \tag{3}$$
が得られる．

さらに，ほとんど確実に
$$\mathsf{E}[a\eta + b\zeta|\xi] = a\mathsf{E}(\eta|\xi) + b\mathsf{E}(\zeta|\xi) \tag{4}$$
であることも証明できる．ここで，a, b は任意の定数であり，$\mathsf{E}|\eta| < \infty$，$\mathsf{E}|\zeta| < \infty$ とする．（証明は読者に残しておく．）

ξ と ζ を根元事象 ω の2つの関数とすれば，その組 (ξ, ζ) も ω の関数とみなすことができる．このとき，重

要な等式
$$\mathsf{E}\left[\mathsf{E}(\eta|\xi,\zeta)|\xi\right] = \mathsf{E}(\eta|\xi) \tag{5}$$
が成り立つ．

ここで，$\mathsf{E}(\eta|\xi)$ は関係
$$\mathsf{E}(\eta|\xi\in A) = \mathsf{E}\left[\mathsf{E}(\eta|\xi)|\xi\in A\right]$$
で定義されるから，(5) を証明するには，$\mathsf{E}\left[\mathsf{E}(\eta|\xi,\zeta)|\xi\right]$ が等式
$$\mathsf{E}(\eta|\xi\in A) = \mathsf{E}\{\mathsf{E}\left[\mathsf{E}(\eta|\xi,\zeta)|\xi\right]|\xi\in A\} \tag{6}$$
を満たすことを証明しなければならない．

$\mathsf{E}(\eta|\xi,\zeta)$ の定義から
$$\mathsf{E}(\eta|\xi\in A) = \mathsf{E}\left[\mathsf{E}(\eta|\xi,\zeta)|\xi\in A\right] \tag{7}$$
が導かれる．

さらに，$\mathsf{E}\left[\mathsf{E}(\eta|\xi,\zeta)|\xi\right]$ の定義から
$$\mathsf{E}\left[\mathsf{E}(\eta|\xi,\zeta)|\xi\in A\right] = \mathsf{E}\{\mathsf{E}\left[\mathsf{E}(\eta|\xi,\zeta)|\xi\right]|\xi\in A\} \tag{8}$$
が導かれる．

等式 (6) は等式 (7) と (8) から得られる．このことから，上の主張 (5) が証明された．

B 上では $\eta(\omega)=1$，B 以外では $\eta(\omega)=0$ とすると，
$$\mathsf{E}(\eta|\xi) = \mathsf{P}(B|\xi)$$
$$\mathsf{E}(\eta|\xi,\zeta) = \mathsf{P}(B|\xi,\zeta)$$
が成り立つ．

この場合，(5) から
$$\mathsf{E}\left[\mathsf{P}(B|\xi,\zeta)|\xi\right] = \mathsf{P}(B|\xi) \tag{9}$$
が得られる．

条件つき期待値を定義するには，対応する条件つき確率

から直接行うこともできる.

そのために，和

$$S_\lambda(\xi) = \sum_{k=-\infty}^{\infty} k\lambda \mathsf{P}\left[k\lambda \leqq \eta < (k+1)\lambda | \xi\right]$$
$$\left(= \sum_{k=-\infty}^{\infty} R_k \right) \tag{10}$$

を考える.

$\mathsf{E}\eta$ が存在すれば，級数 (10) はほとんど確実に収束する．これを証明しておく．§1 の公式 (3) によって

$$\mathsf{E}|R_k| = |k\lambda|\mathsf{P}\{k\lambda \leqq \eta < (k+1)\lambda\}$$

が成り立つこと，また級数

$$\sum_{k=-\infty}^{\infty} |k\lambda|\mathsf{P}\{k\lambda \leqq \eta < (k+1)\lambda\} = \sum_{k=-\infty}^{\infty} \mathsf{E}|R_k|$$

が収束することが，$\mathsf{E}\eta$ が存在するための必要条件である（第 4 章 §1 を参照）．これが収束することから，級数 (10) がほとんど確実に収束することが導かれる（第 4 章 §2, V を参照）．さらに，ルベーグ積分の理論の場合とまったく同じように，以下のことを証明することができる．すなわち，ある λ について (10) が収束することから，あらゆる λ について (10) が収束することが導かれ，また級数 (10) が収束する場合，$\lambda \to 0$ のとき $S_\lambda(\xi)$ が確定した極限に収束することが導かれる[1]．こうして

---

1) ここで考えているのは，λ の値の可付番列だけである．このとき，すべての確率 $\mathsf{P}\{k\lambda \leqq \eta < (k+1)\lambda | \xi\}$ はこれらのすべての値 λ について，ほとんど確実に定義される．

$$\mathsf{E}(\eta|\xi) = \lim_{\lambda \to 0} S_\lambda(\xi) \tag{11}$$

と定義することができる．

関係 (11) で定義された条件つき期待値 $\mathsf{E}(\eta|\xi)$ が前述の性質を満たすことを証明するには，(11) で定義される値 $\mathsf{E}(\eta|\xi)$ が等式 (1) を満たすことを確かめさえすればよい．これは以下のように証明される．

$$\mathsf{E}\left[\mathsf{E}(\eta|\xi)|\xi \in A\right] = \lim_{\lambda \to 0} \mathsf{E}\left[S_\lambda(\xi)|\xi \in A\right]$$
$$= \lim_{\lambda \to 0} \sum_{k=-\infty}^{\infty} k\lambda \mathsf{P}\left[k\lambda \leq \eta < (k+1)\lambda | \xi \in A\right]$$
$$= \mathsf{E}\left[\eta | \xi \in A\right]$$

ここで期待値記号と極限記号の順序の入れ換えができるのは，$\lambda \to 0$ のとき $S_\lambda(\xi)$ が $\mathsf{E}(\eta|\xi)$ に一様収束するからである（このことは第4章§2での期待値の性質Vから簡単に導かれる）．同様に，級数

$$\sum_{k=-\infty}^{\infty} \mathsf{E}\{|k\lambda| \mathsf{P}(k\lambda \leq \eta < (k+1)\lambda|\xi) | \xi \in A\}$$
$$= \sum_{k=-\infty}^{\infty} |k\lambda| \mathsf{P}\{k\lambda \leq \eta < (k+1)\lambda | \xi \in A\}$$

が収束すること（期待値の性質Vをそのまま適用すればよい）から，期待値の記号と総和記号の順序交換が許される．

(11) の代わりに

$$E(\eta|\xi) = \int_\Omega \eta(\omega) P(d\omega|\xi) \qquad (12)$$

と書いてもよい．ただしこの場合，(12) は第4章 §1 の意味での積分ではなくて，単なる記号的表現でしかないことを忘れてはならない．

ξ が確率変数であれば，ξ と y の関数

$$F_\eta(y|\xi) = P(\eta < y|\xi)$$

を，既知の ξ に関する η の条件つき分布関数という．関数 $F_\eta(y|\xi)$ はすべての y について，ほとんど確実に定義される．$y_1 \leq y_2$ であれば，ほとんど確実に

$$F_\eta(y_1|\xi) \leq F_\eta(y_2|\xi)$$

が成り立つ．(11) と (10) から，ほとんど確実に

$$E(\eta|\xi)$$
$$= \lim_{\lambda \to 0} \sum_{k=-\infty}^{\infty} k\lambda [F_\eta((k+1)\lambda|\xi) - F_\eta(k\lambda|\xi)] \qquad (13)$$

であることが導かれる．別の記号を用いれば，これは公式

$$E(\eta|\xi) = \int_{-\infty}^{\infty} y F_\eta(dy|\xi) \qquad (14)$$

で表される．

期待値の新しい定義 (10), (11) を使えば，$E|f(\xi)\eta| < \infty$ である実関数について等式

$$E[f(\xi)\eta|\xi] = f(\xi) E(\eta|\xi) \qquad (15)$$

がほとんど確実に成り立つことは容易に証明される．

第6章 独立性，大数の法則

§1. 独 立 性

定義1 2つの関数 $\xi=\xi(\omega), \eta=\eta(\omega)$ は，$\mathcal{F}_\xi$ の任意の集合 A と $\mathcal{F}_\eta$ の任意の集合 B とについて，等式

$$\mathsf{P}(\xi\in A, \eta\in B) = \mathsf{P}(\xi\in A)\mathsf{P}(\eta\in B) \qquad (1)$$

が成り立つとき，**互いに独立**であるという．

集合 X, Y が有限個の要素からなり，
$$X = x_1 + \cdots + x_n$$
$$Y = y_1 + \cdots + y_m$$
である場合には，ξ と η の独立性の定義は，第1章§5における分割

$$\Omega = \sum_{k=1}^{n} \{\omega : \xi(\omega) = x_k\}$$
$$\Omega = \sum_{k=1}^{m} \{\omega : \eta(\omega) = y_k\}$$

の独立性の定義と一致する．

ξ, η が独立であるためには，$\mathcal{F}_\xi$ の集合 A の任意の選び方に対して，等式

$$\mathsf{P}(\xi\in A|\eta) = \mathsf{P}(\xi\in A) \qquad (2)$$

がほとんど確実に成り立つことが**必要かつ十分**である.

これを証明する. $P_\eta(B) = 0$ の場合, (1), (2) はいずれも成り立つから, $P_\eta(B) > 0$ の場合にこれらが同値であることを証明すればよい. この場合, (1) は関係

$$\mathsf{P}(\xi \in A | \eta \in B) = \mathsf{P}(\xi \in A) \qquad (3)$$

と同値だから, 関係

$$\mathsf{E}\left[\mathsf{P}(\xi \in A | \eta) | \eta \in B\right] = \mathsf{P}(\xi \in A) \qquad (4)$$

と同値である.

他方, 等式 (4) は (2) から導かれることは明らか. 逆に, $\mathsf{P}(\xi \in A | \eta)$ は (4) で確率 0 の集合を無視して一意的に定義されるから, 等式 (2) はほとんど確実に (4) から導かれる.

定義 2 関数 $\xi_\nu(\omega)(\nu \in N)$ の集合を Σ とし, Σ の互いに共通部分をもたない部分集合を Σ', Σ'' とする. また, Σ', Σ'' の変数 $\xi_\nu(\omega)$ について, ある条件をつけて定義される $\mathcal{F}$ の集合をそれぞれ A', A'' とする. このとき

$$\mathsf{P}(A' \cap A'') = \mathsf{P}(A')\mathsf{P}(A'')$$

が成り立つならば, Σ に含まれる関数は, 全体で**互い**に**独立**であるという.

Σ' (または Σ'') のすべての $\xi_\nu(\omega)$ を集めたものは, ある関数 ξ' (または ξ'') の座標とみなされる. 定義 2 は, 共通部分をもたない集合 Σ', Σ'' をどのように選んでも, ξ' と ξ'' とが定義 1 の意味で独立であることだけを要求するものである.

$\xi_1, \xi_2, \cdots, \xi_n$ が互いに独立で,集合 A_k が対応する $\mathcal{F}_{\xi_k}$ に含まれるならば

$$P(\xi_1 \in A_1, \xi_2 \in A_2, \cdots, \xi_n \in A_n)$$
$$= P(\xi_1 \in A_1)P(\xi_2 \in A_2)\cdots P(\xi_n \in A_n) \quad (5)$$

がつねに成り立つ(帰納法によって証明される).しかし一般には,この等式が $\xi_1, \xi_2, \cdots, \xi_n$ が互いに独立であるための十分条件であることはない.

等式 (5) は,可算個の無限積の場合についても容易に一般化される.

任意の有限個の組 $(\xi_{\nu_1}, \xi_{\nu_2}, \cdots, \xi_{\nu_k})$ において確率変数 ξ_{ν_k} が互いに独立であることからだけでは,一般的には,すべての ξ_ν が互いに独立であることは導かれない.

最後に,本来は関数 ξ_ν の独立性が,対応する分割 $\mathfrak{A}_{\xi_\nu}$ の性質であるということは,容易にわかるであろう.さらに,ξ'_ν が対応する ξ の一価関数であれば,ξ_ν の独立性から ξ'_ν の独立性が導かれる.

§2. 独立な確率変数

$\xi_1, \xi_2, \cdots, \xi_n$ が互いに独立な確率変数である場合には,前節の等式 (2) から,とくに,公式
$$F_{\xi_1, \xi_2, \cdots, \xi_n}(x_1, x_2, \cdots, x_n) = F_{\xi_1}(x_1)F_{\xi_2}(x_2)\cdots F_{\xi_n}(x_n) \quad (1)$$
が得られる.

定理1 集合体 $\mathcal{F}_{\xi_1, \xi_2, \cdots, \xi_n}$ が空間 R^n のボレル集合だけからなるとき,条件 (1) は変数 $\xi_1, \xi_2, \cdots, \xi_n$ が独立であ

るための十分条件でもある．

証明 変数 $\xi_1, \xi_2, \cdots, \xi_n$ の互いに共通部分をもたない部分系を $\xi' = (\xi_{i_1}, \xi_{i_2}, \cdots, \xi_{i_k}), \xi'' = (\xi_{j_1}, \xi_{j_2}, \cdots, \xi_{j_m})$ とする．ここで示さなければならないのは，公式 (1) に基づいて，R^k のボレル集合 A' と R^m のボレル集合 A'' を任意に選んだときに，等式

$$\mathsf{P}(\xi' \in A', \xi'' \in A'') = \mathsf{P}(\xi' \in A')\mathsf{P}(\xi'' \in A'') \quad (2)$$

が成り立つことである．このことは，集合

$$A' = \{(x_{i_1}, x_{i_2}, \cdots, x_{i_k}) : x_{i_1} < a_1, \cdots, x_{i_k} < a_k\}$$
$$A'' = \{(x_{j_1}, x_{j_2}, \cdots, x_{j_m}) : x_{j_1} < b_1, \cdots, x_{j_m} < b_m\}$$

について，(1) からただちに導かれる．

さらに，上の形の集合の和と差に対してもこの性質が維持されることが証明できるから，等式 (2) はすべてのボレル集合に対して成り立つ．

定理 2 $\xi = \{\xi_\nu\}$ を確率変数の任意の集合（一般には無限集合）とする．集合体 $\mathcal{F}_\xi$ が σ-集合体 $\sigma(\mathcal{F}^\mathcal{N})$ （$\mathcal{N}$ はすべての ν の集合）[1] と一致すれば，等式

$$F_{\xi_1, \cdots, \xi_n}(x_1, \cdots, x_n) = F_{\xi_1}(x_1) \cdots F_{\xi_n}(x_n) \quad (3)$$

の系は，変数 $\xi_\nu (\nu \in \mathcal{N})$ が互いに独立であるための必要十分条件である．

証明 この条件の必要性は，公式 (1) からただちに導かれるから，ここでは十分性を証明する．

---

1) 第 3 章 §4 を参照．

すべての添数 ν の集合の互いに共通部分をもたない部分集合を $\mathcal{N}'$ と $\mathcal{N}''$ とし, $\mathcal{N}', \mathcal{N}''$ の添数 ν をもつ ξ_ν の間の関係で定義される $\sigma(\mathcal{F}^\mathcal{N})$ の集合を, それぞれ A', A'' とする. このとき,

$$P(A' \cap A'') = P(A')P(A'') \qquad (4)$$

が成り立つことを証明すればよい.

A' と A'' が筒集合であれば, 有限個の変数 ξ_ν の関係が問題となるが, この場合, 等式 (4) は前の結果 (等式 (2)) から簡単に導かれる. そして, 関係 (4) は集合 A' (または A'') の和や差についても成り立つから, $\sigma(\mathcal{F}^\mathcal{N})$ のすべての集合について (4) が成り立つことが証明される.

いま, 集合 $\mathcal{N}$ のすべての ν に対して, 分布関数 $F_\nu = F_\nu(x)$ がア・プリオリに与えられているとする. このとき, 次の定理が成り立つ.

定理 3 ア・プリオリに与えられた関数 $F_\nu(x)$ を分布関数としてもち, 互いに独立である確率変数 $\xi_\nu (\nu \in \mathcal{N})$ が定義される確率空間 $(\Omega, \mathcal{F}, P)$ が存在する.

証明 基礎集合 Ω を空間 $R^\mathcal{N}$ (実数 $x_\nu (\nu \in \mathcal{N})$ のすべての列 $\omega = \{x_\nu\}$ の集合) とし, $\mathcal{F}$ を σ-集合体[1] $\sigma(\mathcal{F}^\mathcal{N})$ とする. また, $\xi_\nu(\omega) = x_\nu$ とし, 分布関数 $F_{\nu_1, \dots, \nu_n}$ を等式

---

1) 第3章 §4 を参照.

$$F_{\nu_1,\cdots,\nu_n}(x_1,\cdots,x_n) = F_{\nu_1}(x_1)\cdots F_{\nu_n}(x_n)$$
で定義する.

このとき,基本定理(第3章§4)から $(\Omega,\mathcal{F})$ 上で確率関数 P が一意的に定まり,任意の $\nu\in\mathcal{N}$ について,$\mathsf{P}\{\xi_\nu<x\}=F_\nu(x)$ となる.

ここで注意すべきは,前に(等式(3)で)明らかにしたように,変数 ξ_ν の有限個のすべての組が互いに独立であることから,$\sigma(\mathcal{F}^\mathcal{N})$ 上のすべての ξ_ν の独立性が導かれることである.この性質は,より包括的な確率空間においては失われることがある.

この節の最後に,2つの確率変数の独立性に関する特徴をいくつか挙げておく.

2つの確率変数 ξ,η が互いに独立で,$\mathsf{E}\xi,\mathsf{E}\eta$ が有限であれば,ほとんど確実に
$$\left.\begin{array}{l}\mathsf{E}(\eta|\xi) = \mathsf{E}\eta \\ \mathsf{E}(\xi|\eta) = \mathsf{E}\xi\end{array}\right\} \quad (5)$$
が成り立つ.

これらの公式は,条件つき期待値の第2の定義(第5章§4の公式(10),(11))から直接導かれる.したがって,ξ と η が独立ならば,変量
$$f^2 = \frac{\mathsf{E}\left[\mathsf{E}\eta - \mathsf{E}(\eta|\xi)\right]^2}{\mathsf{D}\eta}$$
$$g^2 = \frac{\mathsf{E}\left[\mathsf{E}\xi - \mathsf{E}(\xi|\eta)\right]^2}{\mathsf{D}\xi}$$

はいずれも 0 になる（ここで $D\xi>0, D\eta>0$ とする）．なお，数 f^2 を ξ に関する η の相関比といい，g^2 を η に関する ξ の相関比という（ピアソンによる）．

さらに，(5) から等式
$$E\xi\eta = E\xi \cdot E\eta \tag{6}$$
が得られる．これを証明するには，第 5 章 §4 の公式 (15) を適用して，
$$E\xi\eta = E\left[E(\xi\eta)|\xi\right] = E\left[\xi E(\eta|\xi)\right]$$
$$= E\left[\xi \cdot E\eta\right] = E\xi \cdot E\eta$$
とすればよい．

こうして，ξ と η が独立な場合には，変量
$$\rho = \frac{E\xi\eta - E\xi \cdot E\eta}{\sqrt{D\xi \cdot D\eta}}$$
もまた 0 になる．よく知られているように，ρ は ξ と η の**相関係数**である．

2 つの確率変数 ξ と η は，等式 (6) を満たすとき，**無相関**であるという．$\xi_1, \xi_2, \cdots, \xi_n$ を互いに無相関な変数とし，その和
$$s = \xi_1 + \xi_2 + \cdots + \xi_n$$
について
$$Ds = D\xi_1 + D\xi_2 + \cdots + D\xi_n \tag{7}$$
となることが，容易に計算される．

特に，等式 (7) は，独立な変数 $\xi_1, \xi_2, \cdots, \xi_n$ についても成り立つ．

§3. 大数の法則

定義 確率変数の列

$$\eta_1, \eta_2, \cdots, \eta_n, \cdots$$

において,任意の正数 ε に対し,$n \to \infty$ のとき

$$\mathsf{P}\{|\eta_n - d_n| \geqq \varepsilon\} \to 0$$

となる数列

$$d_1, d_2, \cdots, d_n, \cdots$$

が存在するとき,確率変数 η_n は**安定**であるという.また,すべての $\mathsf{E}\eta_n$ が存在して,

$$d_n = \mathsf{E}\eta_n$$

とおくことができるとき,安定性は**正規**であるという.

すべての η_n が一様に有界であれば

$$\mathsf{P}\{|\eta_n - d_n| \geqq \varepsilon\} \to 0 \quad (n \to \infty) \tag{1}$$

から,関係

$$|\mathsf{E}\eta_n - d_n| \to 0 \quad (n \to \infty)$$

が得られ,したがって

$$\mathsf{P}\{|\eta_n - \mathsf{E}\eta_n| \geqq \varepsilon\} \to 0 \quad (n \to \infty) \tag{2}$$

が導かれる.

したがって,<u>有界な変数列の安定性は正規でなければならない</u>.

いま

$$\sigma_n^2 = \mathsf{D}\eta_n (= \mathsf{E}(\eta_n - \mathsf{E}\eta_n)^2)$$

とすると,チェビシェフの不等式から

$$P\{|\eta_n - \mathsf{E}\eta_n| \geq \varepsilon\} \leq \frac{\sigma_n^2}{\varepsilon^2}$$

となる.

したがって,**マルコフの条件**

$$\sigma_n^2 \to 0 \quad (n \to \infty) \tag{3}$$

は,安定性が正規であるための十分条件である.

また,$\eta_n - \mathsf{E}\eta_n$ が一様に有界,すなわち

$$|\eta_n - \mathsf{E}\eta_n| \leq C$$

であれば,第4章§3の不等式 (9) から

$$P\{|\eta_n - \mathsf{E}\eta_n| \geq \varepsilon\} \geq \frac{\sigma_n^2 - \varepsilon^2}{C^2}$$

が成り立つ.

したがって,この場合には,マルコフの条件 (3) は η_n が安定であるための**必要条件**でもある.

次に,

$$\eta_n = \frac{\xi_1 + \xi_2 + \cdots + \xi_n}{n}$$

とし,変数 ξ_n が互いに無相関であるとする.このとき

$$\mathsf{D}\eta_n = \frac{1}{n^2}[\mathsf{D}\xi_1 + \mathsf{D}\xi_2 + \cdots + \mathsf{D}\xi_n]$$

が成り立つ.

したがってこの場合,算術平均 η_n の安定性が正規であるための,すなわち,すべての $\varepsilon > 0$ について

$$\lim_n P\left\{\left|\frac{\xi_1 + \cdots + \xi_n}{n} - \frac{\mathsf{E}\xi_1 + \cdots + \mathsf{E}\xi_n}{n}\right| \geq \varepsilon\right\} = 0$$

が成り立つための十分条件は,
$$\lim_{n\to\infty} \frac{1}{n^2} \sum_{i=1}^{n} \mathsf{D}\xi_i = 0 \tag{4}$$
が成り立つことである(**チェビシェフの定理**).特に,条件 (4) はすべての変数が一様に有界な場合に成り立つ.

ここで,上で導かれた結果の一般化を考えよう.

1. チェビシェフの定理は変数 ξ_n が弱相関の場合に一般化できる.ξ_m と ξ_n の相関係数 ρ_{mn}[1] が不等式
$$\rho_{mn} \leqq c(|m-n|)$$
を満たし,$c(k) \geqq 0$ であると仮定すれば,算術平均の安定性が正規である,すなわち,すべての $\varepsilon > 0$ について
$$\lim_n \mathsf{P}\left\{\left|\frac{\xi_1+\cdots+\xi_n}{n} - \frac{\mathsf{E}\xi_1+\cdots+\mathsf{E}\xi_n}{n}\right| \geqq \varepsilon\right\} = 0$$
であるための十分条件は,$C_n = \sum_{k=0}^{n-1} c(k)$ として,
$$\lim_n \frac{C_n}{n^2} \sum_{i=1}^{n} \mathsf{D}\xi_i = 0 \tag{5}$$
が成り立つことである[2].

2. 被加数 ξ_n が**独立**な場合にも,算術平均 η_n が安定であるための必要十分条件を与えることができる.

各 ξ_n について,条件
$$\mathsf{P}(\xi_n \leqq m_n) \leqq \frac{1}{2}, \quad \mathsf{P}(\xi_n \geqq m_n) \leqq \frac{1}{2}$$
を満たす定数 m_n(ξ_n のメジアン)が存在する.

---

1) $\rho_{nn}=1$ がつねに成り立つことは明らか.
2) Khintchine [1] を参照.

ここで,
$$\xi_{nk} = \begin{cases} \xi_k & (|\xi_k - m_k| \leq n) \\ 0 & (|\xi_k - m_k| > n) \end{cases}$$
$$\eta_n^* = \frac{\xi_{n1} + \cdots + \xi_{nn}}{n}$$
とおくと,以下の定理が成り立つ.

定理[1] $\xi_1, \xi_2, \cdots$ を互いに独立な確率変数の列とする.このとき,

$$\sum_{k=1}^{n} \mathsf{P}\{|\xi_k - m_k| > n\} = \sum_{k=1}^{n} \mathsf{P}\{\xi_{nk} \neq \xi_k\} \to 0 \quad (n \to \infty) \tag{6}$$

$$\frac{1}{n^2} \sum_{k=1}^{n} \mathsf{D}\xi_{nk} \to 0 \quad (n \to \infty) \tag{7}$$

は,変数 η_n $(n=1, 2, \cdots)$ が安定であるための必要十分条件である.

ここで,定数 d_n $(n=1, 2, \cdots)$ が $\mathsf{E}\eta_n^*$ に等しいものと仮定してよい.そのときは,
$$\mathsf{E}\eta_n^* - \mathsf{E}\eta_n \to 0 \quad (n \to \infty)$$
である場合に(そして,この場合だけ),安定性は正規となる.

証明 (6), (7) の十分性は簡単に証明できる.次のようにすればよい.

---

[1] Kolmogorov [5] の定理Ⅷと p.318 の追補を参照(この論文に対する修正と所見については,Kolmogorov [6] を参照).

$$P(\eta_n \neq \eta_n^*) \leq \sum_{k=1}^{n} P(\xi_{nk} \neq \xi_k) \to 0 \quad (n \to \infty)$$

であって，チェビシェフの不等式により

$$P\{|\eta_n^* - \mathsf{E}\eta_n^*| \geq \varepsilon\} \leq \frac{1}{n^2\varepsilon^2} \sum_{k=1}^{n} \mathsf{D}\xi_{nk} \to 0 \quad (n \to \infty)$$

だから，

$$P\{|\eta_n - \mathsf{E}\eta_n^*| \geq \varepsilon\} \to 0 \quad (n \to \infty)$$

となる．

必要性を証明するためには，いくつかの補助定理が必要となる．

補助定理1 $A_1, A_2, \cdots, A_n$ を独立な事象とし，$P(A_i) > 0$ $(i=1,2,\cdots,n)$ とする．また，ある $u \geq 0$ について，$P\left(\bigcup_{i=1}^{n} A_i\right) \geq u$ が成り立つものとし，さらに，事象 U は，各 $i=1,2,\cdots,n$ について

$$P(U|A_i) \geq u$$

を満たすとする．このとき，不等式

$$P(U) \geq \frac{1}{9}u^2 \tag{8}$$

が成り立つ．

証明 $P(A_i) \geq \frac{1}{3}u$ を満たす i が存在すれば，

$$P(U) \geq P(U|A_i)P(A_i) \geq \frac{1}{3}u^2$$

である．

3. 大数の法則

ここで,すべての $i=1,2,\cdots,n$ について,
$$\mathsf{P}(A_i) < \frac{1}{3}u$$
が成り立つとすると,
$$\frac{1}{3}u \leq \mathsf{P}(A_1 \cup \cdots \cup A_k) \leq \frac{2}{3}u$$
を満たす k が存在する.つまり,すべての $i \leq k$ について
$$\mathsf{P}(A_1 \cup \cdots \cup A_{i-1}|A_i) = \mathsf{P}(A_1 \cup \cdots \cup A_{i-1})$$
$$\leq \mathsf{P}(A_1 \cup \cdots \cup A_k) \leq \frac{2}{3}u$$
であり,
$$\mathsf{P}(U \cap \overline{(A_1 \cup \cdots \cup A_{i-1})}|A_i) \geq \frac{1}{3}u$$
$$\mathsf{P}(U \cap \overline{(A_1 \cup \cdots \cup A_{i-1})} \cap A_i) \geq \frac{1}{3}u\mathsf{P}(A_i)$$
である.したがって,
$$\mathsf{P}(U) \geq \sum_{i=1}^{k} \mathsf{P}(U \cap \overline{(A_1 \cup \cdots \cup A_{i-1})} \cap A_i)$$
$$\geq \frac{1}{3}u \sum_{i=1}^{k} \mathsf{P}(A_i)$$
$$\geq \frac{1}{3}u\mathsf{P}(A_1 \cup \cdots \cup A_k) \geq \frac{1}{9}u^2$$
となる.

補助定理2 $\xi_1, \xi_2, \cdots, \xi_n$ は互いに独立で,有界,すなわち $|\xi_i| \leq c$ $(i=1,\cdots,n)$ であり,さらに平均は 0 である確率変数とする.このとき,すべての $\alpha > 0$ と整数 m に

ついて，
$$\mathsf{P}\{\max_{k\leq n}|\xi_1+\cdots+\xi_k|\geq m(\alpha D+c)\} \leq \frac{1}{\alpha^{2m}} \quad (9)$$
が成り立つ．ただし，
$$D^2 = \sum_{i=1}^{n} \mathsf{D}\xi_i$$
である．

証明　まず，
$$R = \alpha D + c, \quad s_0 = 0, \quad s_k = \xi_1 + \cdots + \xi_k$$
$$B_{ik} = \{\omega : |s_j|<iR, \ j<k;\ |s_k|\geq iR\}$$
$$B_i = \sum_{k=1}^{n} B_{ik}$$
とおく．

集合 B_{ik} 上では
$$|s_k| \leq iR + c$$
であることから，
$$\mathsf{P}(B_{i+1}|B_{ik}) = \mathsf{P}\{\max_{1\leq k\leq n}|s_k|\geq(i+1)R|B_{ik}\}$$
$$\leq \mathsf{P}\left\{\max_{k+1\leq p\leq n}\left|\sum_{j=k+1}^{p}\xi_j\right|\geq\alpha D|B_{ik}\right\}$$
$$= \mathsf{P}\left\{\max_{k+1\leq p\leq n}\left|\sum_{j=k+1}^{p}\xi_j\right|\geq\alpha D\right\}$$
が得られる．

後で証明する §5，定理2の不等式 (3) から，

$$\mathsf{P}\left\{\max_{k+1\leq p\leq n}\left|\sum_{j=k+1}^{p}\xi_j\right|\geq\alpha D\right\}\leq\frac{\sum_{j=k+1}^{p}\mathsf{D}\xi_j}{\alpha^2 D^2}$$

$$\leq\frac{D^2}{\alpha^2 D^2}=\frac{1}{\alpha^2}$$

が導かれる. $\mathsf{P}(B_{i+1}|B_{ik})\leq\dfrac{1}{\alpha^2}$ が任意の $k=1,2,\cdots,n$ について成り立つから,

$$\mathsf{P}(B_{i+1}|B_i)\leq\frac{1}{\alpha^2}$$

であり,

$$\begin{aligned}\mathsf{P}\{\max_{1\leq k\leq n}|s_k|\geq mR\}&=\mathsf{P}(B_m)\\&=\mathsf{P}(B_m|B_{m-1})\mathsf{P}(B_{m-1}|B_{m-2})\cdots\mathsf{P}(B_1|B_0)\\&\leq\frac{1}{\alpha^{2m}}\end{aligned}$$

が成り立つことになる.

補助定理 3 $\xi_1,\xi_2,\cdots,\xi_n$ を独立で $|\xi_i-\mathsf{E}\xi_i|\leq C$ $(i=1,2,\cdots,n)$ を満たす確率変数の列とする. このとき,

$$\mathsf{P}\{|\xi_1+\cdots+\xi_n|\geq a\}\geq\frac{1}{1600}\left[1-\frac{4a^2+C^2}{\sum_{i=1}^{n}\mathsf{D}\xi_i}\right] \qquad (10)$$

が成り立つ.

証明 $s=\xi_1+\cdots+\xi_n, D^2=\sum_{i=1}^{n}\mathsf{D}\xi_i$ とおく. $C>D$ ま

たは $2a > D$ であれば (10) の右辺は負となり，不等式が成り立つのは明らかである．

ここで，$C \leq D$ と $2a \leq D$ とが同時に成り立つとする．このとき，

$$\mathsf{P}(|s| \geq a) \geq \mathsf{P}\left(|s| \geq \frac{D}{2}\right)$$
$$\geq \frac{1}{1600} \geq \frac{1}{1600}\left[1 - \frac{4a^2 + C^2}{D^2}\right]$$

は，次が成立するとき，明らかに成り立つ．

$$\mathsf{P}\left(|s| \geq \frac{D}{2}\right) \geq \frac{1}{1600}$$

したがって (10) を証明するには，これが成りたつことを示せばよい．

$A = \left\{\omega : |s| \geq \dfrac{D}{2}\right\}$ とすると，$|\mathsf{E}s| \geq 2D$ であれば

$$D^2 \geq \mathsf{P}(\overline{A})\mathsf{E}\{(s - \mathsf{E}s)^2 | \overline{A}\}$$
$$\geq \left(2D - \frac{D}{2}\right)^2 \mathsf{P}(\overline{A}) = \frac{9}{4}D^2 \mathsf{P}(\overline{A})$$

となり，

$$\mathsf{P}(A) \geq \frac{1}{2}$$

となる．

ここで，$|\mathsf{E}s| < 2D$ と仮定する．

$$A_m = \left\{\omega : 3mD \leq |s - \mathsf{E}s| < 3(m+1)D, |s| \geq \frac{D}{2}\right\}$$

とおいて補助定理 2 を適用すると，

$$P(A_m) \leq P\{|s - \mathsf{E}s| \geq 3mD\}$$
$$= P\{|s - \mathsf{E}s| \geq m(2D+D)\}$$
$$\leq P\{|s - \mathsf{E}s| \geq m(2D+C)\}$$
$$\leq \frac{1}{2^{2m}}$$

が得られる．このことから

$$\mathsf{E}(s^2|A_m)\mathsf{P}(A_m) = \mathsf{E}[(s-\mathsf{E}s)^2 + 2(s-\mathsf{E}s)\mathsf{E}s + (\mathsf{E}s)^2|A_m]\mathsf{P}(A_m)$$
$$\leq 2s\frac{(m+1)^2}{2^{2m}} \cdot D^2$$

となる．

集合 $A' = \sum_{m=0}^{5} A_m$ 上では
$$|s| \leq |s - \mathsf{E}s| + |\mathsf{E}s| \leq 20 \cdot D$$

だから，
$$\mathsf{E}(s^2|A')\mathsf{P}(A') \leq 400D^2\mathsf{P}(A)$$

である．また，明らかに
$$\mathsf{E}(s^2|\overline{A})\mathsf{P}(\overline{A}) \leq \frac{1}{4}D^2$$

も成り立つ．

したがって，
$$D^2 \leq \mathsf{E}s^2$$
$$= \mathsf{E}(s^2|\overline{A})\mathsf{P}(\overline{A}) + \mathsf{E}(s^2|A')\mathsf{P}(A')$$
$$+ \sum_{m=6}^{\infty} \mathsf{E}(s^2|A_m)\mathsf{P}(A_m)$$

$$\leqq \frac{1}{4}D^2 + 400D^2\mathsf{P}(A) + \sum_{m=6}^{\infty}\frac{(m+1)^2}{2^{2m}}\cdot 25\cdot D^2$$

となり，

$$\mathsf{P}(A) \geqq \frac{1}{1600}$$

となる．これで補助定理が証明された．

定理の証明 必要性を証明する．任意の $\varepsilon>0$ について，$n\to\infty$ のとき $\mathsf{P}(|\eta_n-d_n|\geqq\varepsilon)\to 0$ を満たす数列 d_n ($n=1,2,\cdots$) を仮定する．このとき，

$$\sum_{k=1}^{n}\mathsf{P}\{|\xi_k-m_k|\geqq n\varepsilon\}\to 0 \quad (n\to\infty) \tag{11}$$

であることを証明しよう．

ある n が与えられたとして，事象をそれぞれ

$$U = \left\{|\eta_n-d_n|\geqq\frac{\varepsilon}{2}\right\},$$

$$A_k = \{|\xi_k-m_k|\geqq n\varepsilon\},$$

$$B_k = \left\{\left|\frac{\sum_{i\neq k}\xi_i+m_k}{n}-d_n\right|\geqq\frac{\varepsilon}{2}\right\}$$

$$= \left\{\left|(\eta_n-d_n)+\frac{m_k-\xi_k}{n}\right|\geqq\frac{\varepsilon}{2}\right\}$$

とする．m_k は ξ_k のメジアンだから，

$$\mathsf{P}(U|B_k) \geqq \frac{1}{2}$$

である．n が十分大きいときには

$$\mathsf{P}(U) \leqq \frac{1}{4}$$

が成り立つから,

$$\frac{1}{4} \geqq \mathsf{P}(U) \geqq \mathsf{P}(U|B_k)\mathsf{P}(B_k) \geqq \frac{1}{2}\mathsf{P}(B_k)$$

すなわち

$$\mathsf{P}(B_k) \leqq \frac{1}{2}$$

である.

さらに, 事象 A_k が起こり, 事象 B_k が起こらないならば, 事象 U が起こり, つまり

$$\mathsf{P}(B_k|A_k) + \mathsf{P}(U|A_k) \geqq 1$$

となるが,

$$\mathsf{P}(B_k|A_k) = \mathsf{P}(B_k) \leqq \frac{1}{2}$$

であるから,

$$\begin{aligned}\mathsf{P}(U|A_k) &\geqq 1 - \mathsf{P}(B_k|A_k) \\ &\geqq \frac{1}{2} \geqq \frac{1}{2}\mathsf{P}\left(\bigcup_{k=1}^{n} A_k\right)\end{aligned}$$

となる.

ここで,

$$u = \frac{1}{2}\mathsf{P}\left(\bigcup_{k=1}^{n} A_k\right)$$

として補助定理1を適用すれば,

$$P(U) \geqq \frac{1}{36}\left[P\left(\bigcup_{k=1}^{n} A_k\right)\right]^2 \tag{12}$$

が得られる．

事象 $A_1, \cdots, A_n$ は独立だから

$$P\left(\bigcup_{k=1}^{n} A_k\right) = 1 - \prod_{k=1}^{n}(1 - P(A_k)) \tag{13}$$

である．

条件より，$n \to \infty$ のとき $P(U) \to 0$ だから，(12) と (13) から求めるべき関係式 (11) が得られる．

次に，

$$\bar{\xi}_{nk} = \begin{cases} \xi_k & (|\xi_k - m_k| \leqq n) \\ m_k & (|\xi_k - m_k| > n) \end{cases}$$

$$\bar{\xi}_{nk}(\varepsilon) = \begin{cases} \xi_k & (|\xi_k - m_k| \leqq \varepsilon n) \\ m_k & (|\xi_k - m_k| > \varepsilon n) \end{cases}$$

とする．

(11) から，$n \to \infty$ のとき $P\{|\eta_n - d_n| \geqq \varepsilon\} \to 0$ であれば，

$$P\left\{\left|\frac{1}{n}\sum_{k=1}^{n} \bar{\xi}_{nk} - d_n\right| \geqq \varepsilon\right\} \to 0$$

$$P\left\{\left|\frac{1}{n}\sum_{k=1}^{n} \bar{\xi}_{nk}(\varepsilon) - d_n\right| \geqq \varepsilon\right\} \to 0$$

が導かれる．$\bar{\zeta}_{nk}(\varepsilon) = \bar{\xi}_{nk}(\varepsilon) - E\bar{\xi}_{nk}(\varepsilon)$ とおくと，$|\bar{\zeta}_{nk}(\varepsilon)| \leqq 2n\varepsilon$ が成り立ち，補助定理 3 を適用して

$$P\left\{\left|\frac{1}{n}\sum_{k=1}^{n}\bar{\xi}_{nk}(\varepsilon)-d_n\right|\geq\varepsilon\right\}$$

$$=P\left\{\left|\sum_{k=1}^{n}\bar{\xi}_{nk}(\varepsilon)-nd_n\right|\geq\varepsilon n\right\}$$

$$=P\left\{\left|\sum_{k=1}^{n}(\bar{\xi}_{nk}(\varepsilon)-d_n)\right|\geq\varepsilon n\right\}$$

$$\geq\frac{1}{1600}\left[1-\frac{8\varepsilon^2 n^2}{\sum_{k=1}^{n}D\bar{\xi}_{nk}(\varepsilon)}\right]$$

となる.このことから,

$$\limsup_{n}\frac{1}{n^2}\sum_{k=1}^{n}D\bar{\xi}_{nk}(\varepsilon)\leq 8\varepsilon^2 \tag{14}$$

となる.

$\varepsilon\leq 1$ のとき

$$D\bar{\xi}_{nk}(\varepsilon)-D\bar{\xi}_{nk}\leq 8n^2 P\{|\xi_k-m_k|>n\varepsilon\}$$

だから,(11),(13),(14) より

$$\limsup_{n}\frac{1}{n^2}\sum_{k=1}^{n}D\bar{\xi}_{nk}\leq 8\varepsilon^2$$

が導かれる.ε を半開区間 $(0,1]$ 内で任意に選ぶことができるから,

$$\lim_{n}\frac{1}{n^2}\sum_{k=1}^{n}D\xi_{nk}=\lim_{n}\frac{1}{n^2}\sum_{k=1}^{n}D\bar{\xi}_{nk}=0$$

となる.

3. チェビシェフの定理は次のようにしてさらに一般化される.すなわち,η_n が任意の n 回の試行

$$\mathfrak{A}_1,\mathfrak{A}_2,\cdots,\mathfrak{A}_n$$

の結果に何らかの形で依存すると仮定する．すると，これら n 回の試行の結果がすべて確定した後に，η_n は確定した値をとることになる．**大数の法則**として知られている諸定理すべてに共通する考えは，変数 η_n の個々の試行 $\mathfrak{A}_k$ $(k=1,2,\cdots,n)$ への依存が，大きな n に対して非常に小さいとき，変数 η_n は安定であるということである．

$$\beta_{nk}^2 = \mathsf{E}\,[\mathsf{E}(\eta_n|\mathfrak{A}_1,\mathfrak{A}_2,\cdots,\mathfrak{A}_k) \\ -\mathsf{E}(\eta_n|\mathfrak{A}_1,\mathfrak{A}_2,\cdots,\mathfrak{A}_{k-1})]^2$$

を，変数 η_n の試行 $\mathfrak{A}_k$ への依存の合理的な測度とみなすと，大数の法則について今述べた共通の考えは，以下のように考えることで具体化される[1]．

$$\zeta_{nk} = \mathsf{E}(\eta_n|\mathfrak{A}_1,\mathfrak{A}_2,\cdots,\mathfrak{A}_k) - \mathsf{E}(\eta_n|\mathfrak{A}_1,\mathfrak{A}_2,\cdots,\mathfrak{A}_{k-1})$$

とすれば，このとき

$$\eta_n - \mathsf{E}\eta_n = \zeta_{n1} + \zeta_{n2} + \cdots + \zeta_{nn},$$
$$\mathsf{E}\zeta_{nk} = \mathsf{E}\mathsf{E}(\eta_n|\mathfrak{A}_1,\mathfrak{A}_2,\cdots,\mathfrak{A}_k) \\ -\mathsf{E}\mathsf{E}(\eta_n|\mathfrak{A}_1,\mathfrak{A}_2,\cdots,\mathfrak{A}_{k-1})$$
$$= \mathsf{E}\eta_n - \mathsf{E}\eta_n = 0,$$
$$\mathsf{D}\zeta_{nk} = \mathsf{E}\zeta_{nk}^2 = \beta_{nk}^2$$

となる．

確率変数 ζ_{nk} $(k=1,2,\cdots,n)$ が無相関であることも容易に計算される．すなわち，$i<k$ とすれば[2]，

---

1) Kolmogorov [3] を参照．
2) 第 5 章 §4 の公式 (15) の応用．

$$E(\zeta_{ni}\zeta_{nk}|\mathfrak{A}_1,\cdots,\mathfrak{A}_{k-1}) = \zeta_{ni}E(\zeta_{nk}|\mathfrak{A}_1,\cdots,\mathfrak{A}_{k-1})$$
$$= \zeta_{ni}E\{E(\eta_n|\mathfrak{A}_1,\cdots,\mathfrak{A}_k)$$
$$\qquad -E(\eta_n|\mathfrak{A}_1,\cdots,\mathfrak{A}_{k-1})|\mathfrak{A}_1,\cdots,\mathfrak{A}_{k-1}\}$$
$$= \zeta_{ni}(E(\eta_n|\mathfrak{A}_1,\cdots,\mathfrak{A}_{k-1})-E(\eta_n|\mathfrak{A}_1,\cdots,\mathfrak{A}_{k-1}))$$
$$= 0$$

となり,

$$E\zeta_{ni}\zeta_{nk} = 0 \quad (i < k)$$

となる．こうして,

$$D\eta_n = \sum_{i=1}^{n} D\zeta_{ni} = \sum_{i=1}^{n} \beta_{ni}^2$$

となる．したがって，条件

$$\sum_{i=1}^{n} \beta_{ni}^2 \to 0 \quad (n \to \infty)$$

は，変数 η_n の安定性が正規であるための十分条件である．

§4. 期待値についての注意

先に，第4章§2で，確率変数 ξ の期待値を

$$E\xi = \int_\Omega \xi(\omega)P(d\omega) = \int_{-\infty}^{\infty} xF_\xi(dx)$$

と定義したが，そこでは，右辺の積分を

$$E\xi = \int_{-\infty}^{\infty} xF_\xi(dx) = \lim_{\substack{a\to-\infty \\ b\to+\infty}} \int_a^b xF_\xi(dx) \qquad (1)$$

として理解した．この考えは，式

$$\widetilde{\mathsf{E}}\xi = \lim_{a\to+\infty} \int_{-a}^{a} xF_\xi(dx) \qquad (2)$$

を，一般化された期待値とみなすことを示唆している．もちろんこの場合，期待値についての簡単な性質のいくつかは損なわれることになる．たとえば，公式

$$\widetilde{\mathsf{E}}[\xi+\eta] = \widetilde{\mathsf{E}}\xi + \widetilde{\mathsf{E}}\eta$$

は，必ずしも成り立たない．しかし，若干の条件をつけ加えれば，定義 (2) はきわめて自然で有用なものになることが後でわかる．

そこで，問題を以下のように設定できる．

$$\xi_1, \xi_2, \cdots, \xi_n, \cdots$$

を，ξ と同じ分布関数 $F_\xi(x) = F_{\xi_n}(x)$ $(n=1,2,\cdots)$ をもつ互いに独立な変数列とし，さらに

$$\eta_n = \frac{\xi_1 + \xi_2 + \cdots + \xi_n}{n}$$

とする．このとき，任意の $\varepsilon > 0$ について

$$\lim_n \mathsf{P}\{|\eta_n - \mathsf{E}°\xi| > \varepsilon\} = 0 \qquad (3)$$

となる定数 $\mathsf{E}°\xi$ は存在するのだろうか．

その答えは次のとおりである：<u>そのような定数 $\mathsf{E}°\xi$ が存在するならば，$\mathsf{E}°\xi = \widetilde{\mathsf{E}}\xi$ である</u>．

$\mathsf{E}°\xi$ が存在するための必要十分条件は，極限 (2) が存在することと，関係

$$\mathsf{P}(|\xi| > n) = o\left(\frac{1}{n}\right) \qquad (4)$$

が成り立つことである.

この結果は次の定理から直接導かれる.

定理 $\xi_1, \xi_2, \cdots$ を,同じ分布関数 $F(x)$ をもつ独立な確率変数列とする. 算術平均

$$\eta_n = \frac{\xi_1 + \xi_2 + \cdots + \xi_n}{n} \quad (n = 1, 2, \cdots)$$

が安定であるための必要十分条件は,(4) が成り立つことである. このことから,安定であれば

$$d_n = \int_{-n}^{n} xF(dx)$$

とおくことができる.

証明

$$\xi_{nk} = \begin{cases} \xi_k & (|\xi_k - m| \leqq n) \\ 0 & (|\xi_k - m| > n) \end{cases}$$

とする. ここで,m は確率変数 ξ_1 のメジアンである. 条件 (4) から

$$\sum_{k=1}^{n} \mathsf{P}(\xi_{nk} \neq \xi_k) = n\mathsf{P}(|\xi_1 - m| > n) \to 0 \quad (n \to \infty)$$

となり,同様に

$$\limsup_n \frac{1}{n} \int_{\{x:|x-m|\leqq n\}} x^2 F(dx)$$
$$= \limsup_n \frac{1}{n} \int_{\{|x|\leqq n\}} x^2 F(dx) \quad (5)$$

となる. ところで,

$$\frac{1}{n}\int_{\{|x|\leq n\}} x^2 F(dx) = \frac{1}{n}\sum_{k=1}^{n}\int_{k-1<|x|\leq k} x^2 F(dx)$$
$$\leq \frac{1}{n}\sum_{k=1}^{n} k^2 \mathsf{P}(k-1<|\xi_1|\leq k)$$
$$\leq \frac{2}{n}\sum_{k=1}^{n}\Big[\sum_{l=1}^{k} l\mathsf{P}(k-1<|\xi_1|\leq k)\Big]$$
$$\leq \frac{2}{n}\sum_{l=1}^{n} l\mathsf{P}(l-1<|\xi_1|\leq l)$$
$$\leq \frac{2}{n}\sum_{l=1}^{n} l\mathsf{P}(|\xi_1|>l-1) \to 0$$

である.ここで,
$$l\mathsf{P}\{|\xi_1|>l-1\} \to 0 \quad (l\to\infty)$$
を用いた.したがって,

$$\frac{1}{n^2}\sum_{k=1}^{n}\mathsf{D}\xi_{nk} \leq \frac{1}{n^2}\sum_{k=1}^{n}\mathsf{E}\xi_{nk}^2$$
$$\leq \frac{1}{n^2}\int_{|x-m|\leq n} x^2 F(dx) \to 0 \quad (n\to\infty)$$

となる.

以上により,§3 の定理の条件 (6), (7) が満たされるから,すべての $\varepsilon>0$ について
$$\mathsf{P}(|\eta_n - \mathsf{E}\eta_n^*|\geq \varepsilon) \to 0 \quad (n\to\infty)$$
が成り立つ.ここで,
$$\mathsf{E}\eta_n^* = \mathsf{E}\frac{\xi_{n1}+\cdots+\xi_{nn}}{n} = \int_{|x-m|\leq n} xF(dx)$$
である.しかし,条件 (4) より

$$\int_{|x-m|\leq n} xF(dx) - \int_{|x|\leq n} xF(dx) \to 0 \quad (n\to\infty)$$

であるから,

$$d_n = \int_{-n}^{n} xF(dx)$$

として

$$\mathsf{P}(|\eta_n - d_n|\geq\varepsilon) \to 0 \quad (n\to\infty)$$

となる.

逆に,数列 η_n $(n=1,2,\cdots)$ が安定であれば,§3の関係式(11)より

$$n\mathsf{P}\{|\xi_1 - m|\geq n\} \to 0 \quad (n\to\infty)$$

となり,これから条件(4)が導かれる.

前述の意味(公式(1))で期待値が存在するならば,条件(4)は常に成り立ち[1],このとき $\mathsf{E}\xi = \mathsf{E}^\circ\xi$ となる.

以上により,$\mathsf{E}^\circ\xi$ は期待値の概念の正当な一般化である.一般化された期待値についても,性質 I–VII(第4章§2)はやはり成り立つ.しかし一般には,$\mathsf{E}^\circ\xi$ が存在しても,$\mathsf{E}^\circ|\xi|$ が存在することにはならない.

期待値のこの新しい概念が実際に最初のものよりも一般的であることを示すためには,次の例を考えれば十分である.すなわち,確率密度 $f_\xi(x)$ が

$$f_\xi(x) = \frac{C}{(|x|+2)^2 \log(|x|+2)}$$

---

1) Kolmogorov [6], 定理XIIを参照.

であるとする．ここで，定数 C は，
$$\int_{-\infty}^{\infty} f_\xi(x)dx = 1$$
によって定まるものとする．この場合，条件 (4) が満たされることは簡単な計算で確かめられる．式 (2) から，値
$$\mathsf{E}°\xi = 0$$
が得られるが，積分
$$\int_{-\infty}^{\infty} |x|F_\xi(dx) = \int_{-\infty}^{\infty} |x|f_\xi(x)dx$$
は発散する．

ところで $\mathsf{E}°\xi$ は，Ω を区間 $[0,1]$ とし，P をルベーグ測度とすれば，A-積分[1]
$$(A)\int_0^1 \xi(\omega)\mathsf{P}(d\omega)$$
に他ならない．

§5. 大数の強法則，級数の収束

定義 確率変数列
$$\eta_1, \eta_2, \cdots, \eta_n, \cdots$$
の確率変数 η_n について，$n \to 0$ のとき確率変数
$$\eta_n - d_n$$
がほとんど確実に 0 に収束するような，すなわち

---

[1] 例えば，Bari [1] を参照．

$$\mathsf{P}\{\lim_n (\eta_n - d_n) = 0\} = 1$$

を満たすような数列

$$d_1, d_2, \cdots, d_n, \cdots$$

が存在するとき，確率変数 η_n は**強安定**であるという．

強安定であれば普通の意味で安定であることは明らかである．また，

$$d_n = \mathsf{E}\eta_n$$

とおくことができるとき，強安定性は**正規**であるという．

定理1 $\xi_1, \xi_2, \cdots$ を独立な確率変数列とする．算術平均

$$\eta_n = \frac{\xi_1 + \xi_2 + \cdots + \xi_n}{n} \quad (n=1, 2, \cdots) \tag{1}$$

が強正規安定であるための十分条件[1]は，

$$\sum_{n=1}^{\infty} \frac{\mathsf{D}\xi_n}{n^2} < \infty \tag{2}$$

が成り立つことである．

この条件は，次の意味で最良の条件であると言える．すなわち，

$$\sum_{n=1}^{\infty} \frac{b_n}{n^2} = \infty$$

である非負の実数の任意の列 $b_1, b_2, \cdots$ について，$\mathsf{D}\xi_n = b_n$ が成り立つような独立な確率変数列 $\xi_1, \xi_2, \cdots$ を作ることができ，対応する算術平均 η_n $(n=1, 2, \cdots)$ が強安定ではない，ということである．

---

[1] Kolmogorov [4] を参照．

これを証明するためには、次の定理の不等式 (3) が必要である。

定理2 $\xi_1, \xi_2, \cdots, \xi_n$ を平均が 0 の独立な確率変数とする。このとき，任意の $a>0$ について

$$\mathsf{P}\{\max_{1 \leqq k \leqq n} |\xi_1 + \cdots + \xi_k| \geqq a\} \leqq \frac{\sum_{k=1}^{n} \mathsf{D}\xi_k}{a^2} \tag{3}$$

が成り立つ。

さらに，確率変数 $\xi_1, \xi_2, \cdots, \xi_n$ が有界，すなわち，$|\xi_i| \leqq c$ $(i=1, \cdots, n)$ であれば，下側からの評価

$$\mathsf{P}\{\max_{1 \leqq k \leqq n} |\xi_1 + \cdots + \xi_k| \geqq a\} \geqq 1 - \frac{(c+a)^2}{\sum_{k=1}^{n} \mathsf{D}\xi_k} \tag{4}$$

も成り立つ。

定理 2 の証明 $s_0=0$, $s_k=\xi_1+\cdots+\xi_k$,

$A=\{\omega: \max_{1 \leqq k \leqq n} |s_k| \geqq a\}$, $A_k=\{\omega: \max_{1 \leqq j<k} |s_j|<a, |s_k| \geqq a\}$

と書く（ただし $k=1, 2, \cdots, n$）。このとき，$\sum_{k=1}^{n} A_k = A$ であって，I_B を集合 B の定義関数とすれば，

$$\sum_{k=1}^{n} \mathsf{D}\xi_k = \mathsf{E}s_n^2 \geqq \mathsf{E}[s_n^2 I_A]$$
$$= \sum_{k=1}^{n} \mathsf{E}[s_n^2 I_{A_k}]$$

$$= \sum_{k=1}^{n} \mathsf{E}\{[s_k+(s_n-s_k)]^2 I_{A_k}\}$$

$$= \sum_{k=1}^{n} \mathsf{E}\left[I_{A_k} s_k^2\right] + \sum_{k=1}^{n} \mathsf{E}\left[I_{A_k}(s_n-s_k)^2\right]$$

$$\qquad +2\sum_{k=1}^{n} \mathsf{E}\left[I_{A_k} s_k(s_n-s_k)\right]$$

$$\geqq a^2 \sum_{k=1}^{n} \mathsf{P}(A_k) = a^2 \mathsf{P}(A) \qquad (5)$$

が得られる．ここで，

$$\mathsf{E}\left[I_{A_k} s_k(s_n-s_k)\right] = \mathsf{E}\left[I_{A_k} s_k\right] \mathsf{E}(s_n-s_k|\xi_1,\cdots,\xi_k)$$
$$= 0$$

を用いている．(5) から，求める不等式 (3) が導かれる．

(4) を示すには，

$$\mathsf{E}\left[s_n^2 I_A\right] = \mathsf{E} s_n^2 - \mathsf{E} s_n^2 I_{\overline{A}}$$

$$\geqq \sum_{k=1}^{n} \mathsf{D}\xi_k - a^2 \mathsf{P}(\overline{A})$$

$$= \sum_{k=1}^{n} \mathsf{D}\xi_k - a^2 + a^2 \mathsf{P}(A) \qquad (6)$$

であることに注意する一方，他方では，集合 A_k 上で $|s_{k-1}| \leqq a$ であること，つまり $|s_k| \leqq a+c$ となることを用いる．こうして

$$\mathsf{E}\left[s_n^2 I_A\right] = \sum_{k=1}^{n} \mathsf{E}\left[s_k^2 I_{A_k}\right] + \sum_{k=1}^{n} \mathsf{E}\left[I_{A_k}(s_n-s_k)^2\right]$$

$$\leqq (a+c)^2 \sum_{k=1}^{n} \mathsf{P}(A_k) + \sum_{k=1}^{n} \mathsf{P}(A_k) \sum_{j=k+1}^{n} \mathsf{D}\xi_j$$

$$\leqq \left[(a+c)^2 + \sum_{j=1}^{n} \mathsf{D}\xi_j\right] \mathsf{P}(A) \qquad (7)$$

が得られ，(6) と (7) から，求める不等式

$$P(A) \geqq \frac{\sum_{k=1}^{n} D\xi_k - a^2}{(a+c)^2 + \sum_{k=1}^{n} D\xi_k - a^2}$$

$$= 1 - \frac{(a+c)^2}{(a+c)^2 + \sum_{k=1}^{n} D\xi_k - a^2}$$

$$\geqq 1 - \frac{(a+c)^2}{\sum_{k=1}^{n} D\xi_k}$$

が得られる．

定理 1 の証明 $E\xi_n = 0$ $(n=1,2,\cdots)$ としても一般性は失われない．このとき，算術平均 $\eta_n = \dfrac{s_n}{n}$ が確率 1 で 0 に収束することを証明するためには，任意の $\varepsilon > 0$ について，確率についての等式

$$P\left\{\limsup_n \left|\frac{s_n}{n}\right| \geqq \varepsilon\right\} = 0$$

が成り立つことを示せば十分である．不等式 (3) から

$$P_m \equiv P\left\{\max_{2^m \leqq n < 2^{m+1}} \left|\frac{s_n}{n}\right| \geqq \varepsilon\right\}$$

$$\leqq P\left\{\max_{1 \leqq n < 2^{m+1}} |s_n| \geqq 2^m \varepsilon\right\}$$

$$\leqq \left(\frac{1}{2^m \varepsilon}\right)^2 \sum_{n=1}^{2^{m+1}} D\xi_n$$

となり，したがって，

$$P \equiv \mathsf{P}\Big\{\limsup\Big|\frac{s_n}{n}\Big|\geq\varepsilon\Big\} \leq \sum_{m=0}^{\infty} P_m$$
$$\leq \frac{1}{\varepsilon^2}\sum_{m=0}^{\infty}\Big(\frac{1}{2^m}\Big)^2\sum_{n=1}^{2^{m+1}}\mathsf{D}\xi_n$$
$$\leq \frac{1}{\varepsilon^2}\sum_{i=0}^{\infty}\sum_{m=i}^{\infty}\Big(\frac{1}{2^m}\Big)^2\sum_{n=2^i}^{2^{i+1}}\mathsf{D}\xi_n$$
$$\leq \frac{1}{\varepsilon^2}\sum_{i=0}^{\infty}\Big(\frac{1}{2^{i-1}}\Big)^2\sum_{n=2^i}^{2^{i+1}}\mathsf{D}\xi_n$$
$$\leq \frac{8}{\varepsilon^2}\sum_{n=1}^{\infty}\frac{\mathsf{D}\xi_n}{n^2}$$

となる.ここで,変数列 $\xi_1,\xi_2,\cdots$ の任意の有限個の最初の項を 0 としても確率 P は変わらないことに注意すれば,任意の N について

$$P \leq \frac{8}{\varepsilon^2}\sum_{n=N}^{\infty}\frac{\mathsf{D}\xi_n}{n^2}$$

となるから,級数 $\sum_{n=1}^{\infty}\dfrac{\mathsf{D}\xi_n}{n^2}$ が収束することになったので,$P=0$ が証明される.

定理の後半の主張を証明するために,独立な確率変数列 $\xi_1,\xi_2,\cdots$ を次のように定める.

$\dfrac{b_n}{n^2}\leq 1$ であるとき,
$$\xi_n=n,\ \ \xi_n=-n,\ \ \xi_n=0$$
であるとし,対応する確率を
$$\frac{b_n}{2n^2},\ \ \frac{b_n}{2n^2},\ \ 1-\frac{b_n}{n^2}$$
とする.

また，$\dfrac{b_n}{n^2} \geqq 1$ であるとき，等確率 $\dfrac{1}{2}$ で
$$\xi_n = \sqrt{b_n}, \quad \xi_n = -\sqrt{b_n}$$
であるとする．

このとき，$\mathsf{E}\xi_n = 0, \mathsf{E}\xi_n^2 = b_n$ である．ここで，確率が正である集合上で $\dfrac{s_n}{n} \to 0 \ (n \to \infty)$ と仮定すれば，等式
$$\frac{\xi_n}{n} = \frac{s_n}{n} - \left(\frac{n-1}{n}\right)\frac{s_{n-1}}{n-1}$$
から，正の確率で $\dfrac{\xi_n}{n} \to 0 \ (n \to \infty)$ となることが導かれる．ところが，下の左辺を計算すると，定理の条件である級数 $\sum_{n=1}^{\infty} \dfrac{b_n}{n^2}$ が発散することから，
$$\sum_{n=1}^{\infty} \mathsf{P}\left\{\left|\frac{\xi_n}{n}\right| \geqq 1\right\} = \infty$$
となる．ここから，ボレル-カンテリの補助定理[1] により，正の確率で $\dfrac{\xi_n}{n}$ は 0 に収束しないことになる．

独立な確率変数 $\xi_1, \xi_2, \cdots$ がそれぞれ同じ分布関数 $F(x)$ をもつ場合には，算術平均が強安定であるための必要十分条件を与えることができる．それが次の定理である．

定理 3 $\xi_1, \xi_2, \cdots$ を，それぞれ同じに分布する独立な確率変数列とすれば，条件 $\mathsf{E}|\xi_1| < \infty$ は算術平均 $\eta_n =$

---

[1] ここから先は，次の形のボレル-カンテリの補助定理を使うことにする．定義関数が $I_{A_1}, I_{A_2}, \cdots$ である事象列 $A_1, A_2, \cdots$ が独立のとき，確率 1 で $\sum_{n=1}^{\infty} I_{A_n} < \infty$ となるための必要十分条件は，$\sum_{n=1}^{\infty} \mathsf{P}(A_n) < \infty$ が成り立つことである．

$\dfrac{s_n}{n}$ ($n=1,2,\cdots$) が強正規安定であるための必要十分条件である.

証明 $\mathsf{E}|\xi_1|<\infty$ とする. このとき, 確率 1 で,
$$\frac{s_n}{n} \to \mathsf{E}\xi_1 \quad (n\to\infty) \tag{8}$$
となることを示す.

ξ_n の値と共に, "縮めた" 変数
$$\xi_n^* = \begin{cases} \xi_n & (|\xi_n|\leq n) \\ 0 & (|\xi_n|>n) \end{cases}$$
を考える. このとき
$$\begin{aligned}
\sum_{n=1}^{\infty}\mathsf{P}\{\xi_n\neq\xi_n^*\} &= \sum_{n=1}^{\infty}\mathsf{P}\{|\xi_n|>n\} \\
&= \sum_{n=1}^{\infty}\mathsf{P}\{|\xi_1|>n\} \\
&= \sum_{n=1}^{\infty}\sum_{k\geq n}\mathsf{P}\{k<|\xi_1|\leq k+1\} \\
&= \sum_{n=1}^{\infty}n\mathsf{P}\{n<|\xi_1|\leq n+1\} \\
&= \sum_{k=0}^{\infty}n\int_{\{k<|x|\leq k+1\}}|x|F(dx) \\
&\leq \int_{-\infty}^{\infty}|x|F(dx) \\
&= \mathsf{E}|\xi_1|<\infty
\end{aligned}$$
となるから, ボレル-カンテリの補助定理により, 事象 $A_n=\{\xi_n\neq\xi_n^*\}$ ($n=1,2,\cdots$) のうち, 有限個の事象だけ

が確率1で起こる．このことから，確率1で

$$\frac{\xi_1^* + \cdots + \xi_n^*}{n} \to \mathsf{E}\xi_1$$

であることを証明すれば十分であることになる．

$$\mathsf{E}\xi_n^* \to \mathsf{E}\xi_1$$

であるから，容易に

$$\frac{\mathsf{E}\xi_1^* + \cdots + \mathsf{E}\xi_n^*}{n} \to \mathsf{E}\xi_1$$

が導かれる．そこで

$$\widetilde{\xi}_n = \xi_n^* - \mathsf{E}\xi_n^*$$

として，確率1で

$$\frac{\widetilde{\xi}_1 + \cdots + \widetilde{\xi}_n}{n} \to 0$$

であることを示せばよい．

このことを証明するには，変数列 $\widetilde{\xi}_1, \widetilde{\xi}_2, \cdots$ について，定理1の条件 $\sum_{n=1}^{\infty} \dfrac{\mathsf{E}\widetilde{\xi}_n^2}{n^2} < \infty$ が満たされることを示せば十分である．

ここで

$$\begin{aligned}
\sum_{n=1}^{\infty} \frac{\mathsf{E}\widetilde{\xi}_n^2}{n^2} &\leq \sum_{n=1}^{\infty} \frac{\mathsf{E}(\xi_n^*)^2}{n^2} \\
&= \sum_{n=1}^{\infty} \frac{1}{n^2} \int_{\{|x| \leq n\}} x^2 F(dx) \\
&= \sum_{n=1}^{\infty} \frac{1}{n^2} \Big\{ \sum_{k=1}^{n} \int_{\{k-1 < |x| \leq k\}} x^2 F(dx) \Big\}
\end{aligned}$$

$$\leq \sum_{n=1}^{\infty} \frac{1}{n^2} \sum_{k=1}^{n} k \int_{\{k-1<|x|\leq k\}} |x| F(dx)$$

$$= \sum_{k=1}^{\infty} k \sum_{n \geq k} \frac{1}{n^2} \int_{\{k-1<|x|\leq k\}} |x| F(dx)$$

$$\leq 2 \sum_{k=1}^{\infty} \int_{\{k-1<|x|\leq k\}} |x| F(dx)$$

$$= 2\mathsf{E}|\xi_1| < \infty$$

が得られる.

こうして, 定理1の条件 (2) が満たされる. したがって確率1で

$$\frac{\widetilde{\xi}_1 + \cdots + \widetilde{\xi}_n}{n} \to 0 \quad (n \to \infty)$$

である.

今度は, 確率1で $\frac{s_n}{n} \to \mathsf{E}\xi_1 \ (n \to \infty)$ であるとする.

このとき, 等式

$$\frac{\xi_n}{n} = \frac{s_n}{n} - \left(\frac{n-1}{n}\right)\frac{s_{n-1}}{n-1}$$

から, 確率1で $\frac{\xi_n}{n} \to 0 \ (n \to \infty)$ であることが導かれる. したがって, すべての $\varepsilon > 0$ について,

$$\mathsf{P}\left\{無限に多くの n について \left|\frac{\xi_n}{n}\right| > \varepsilon\right\} = 0$$

が成り立つ. ボレル-カンテリの補助定理により, これは不等式

$$\sum_{n=1}^{\infty} \mathsf{P}\left\{\left|\frac{\xi_n}{n}\right| > \varepsilon\right\} < \infty$$

と同値である.しかし,同じに分布する変数の場合には,この条件は,条件 $\mathsf{E}|\xi_1|<\infty$ と同値であることが容易に確かめられる.

これで,定理 3 が証明された.

ここで,ふたたび $\xi_1,\xi_2,\cdots$ を独立な確率変数列とする.このとき,級数 $\sum_{n=1}^{\infty}\xi_n$ が収束する確率は 0 または 1 になる(付録の定理を参照).

定理 4 級数

$$\sum_{n=1}^{\infty}\xi_n$$

が確率 1 で収束するための十分条件は,2 つの級数

$$\sum_{n=1}^{\infty}\mathsf{E}\xi_n,\quad \sum_{n=1}^{\infty}\mathsf{D}\xi_n$$

が同時に収束することである.

さらに,確率変数 $\xi_1,\xi_2,\cdots$ が一様に有界,すなわち $|\xi_n|\leq C\ (n=1,2,\cdots)$ ならば,この条件は必要条件でもある.

証明 級数 $\sum_{n=1}^{\infty}\mathsf{D}\xi_n$ が収束することと不等式 (3) とから,級数 $\sum_{n=1}^{\infty}(\xi_n-\mathsf{E}\xi_n)$ が(確率 1 で)収束することが導かれる.このことと級数 $\sum_{n=1}^{\infty}\mathsf{E}\xi_n$ が収束することから,級数 $\sum_{n=1}^{\infty}\xi_n$ が確率 1 で収束するという,いま証明すべき主張が導かれる.

いま，変数 $\xi_1, \xi_2, \cdots$ が一様に有界で，級数 $\sum_{n=1}^{\infty} \xi_n$ が確率1で収束するものとする．このとき，$\xi_1, \xi_2, \cdots$ と同じ分布をもつ独立な確率変数列 $\widetilde{\xi}_1, \widetilde{\xi}_2, \cdots$ を作れば，級数 $\sum_{n=1}^{\infty} \widetilde{\xi}_n, \sum_{n=1}^{\infty} (\xi_n - \widetilde{\xi}_n)$ はいずれも確率1で収束する．$\mathsf{E}(\xi_n - \widetilde{\xi}_n) = 0$ であるから，級数 $\sum_{n=1}^{\infty} (\xi_n - \widetilde{\xi}_n)$ が確率1で収束することと不等式 (4) とから，$\sum_{n=1}^{\infty} \mathsf{D}(\xi_n - \widetilde{\xi}_n) < \infty$ が導かれる．これは $\sum_{n=1}^{\infty} \mathsf{D}\xi_n = \frac{1}{2} \sum_{n=1}^{\infty} \mathsf{D}(\xi_n - \widetilde{\xi}_n) < \infty$ を意味している．このとき，定理の最初の部分により，級数 $\sum_{n=1}^{\infty} (\xi_n - \mathsf{E}\xi_n)$ が確率1で収束することになり，級数 $\sum_{n=1}^{\infty} \xi_n$ が収束するとともに級数 $\sum_{n=1}^{\infty} \mathsf{E}\xi_n$ が収束することが保証される．

これで，定理4は証明された．

次に，
$$\xi_n^C = \begin{cases} \xi_n & (|\xi_n| \leqq C) \\ 0 & (|\xi_n| > C) \end{cases}$$
とおく．

定理5 独立な確率変数 $\xi_1, \xi_2, \cdots$ の級数
$$\sum_{n=1}^{\infty} \xi_n$$
が収束するための必要十分条件は，ある $C > 0$ に対し，3つの級数

$$\sum_{n=1}^{\infty} \mathsf{P}\{|\xi_n|>C\}, \quad \sum_{n=1}^{\infty} \mathsf{E}\xi_n^C, \quad \sum_{n=1}^{\infty} \mathsf{D}\xi_n^C$$

がすべて収束することである[1].

証明 十分性. $\sum_{n=1}^{\infty} \mathsf{P}\{|\xi_n|>C\} < \infty$ だから，ボレル-カンテリの補助定理によって，有限個を除いたすべての n についてほとんど確実に $\xi_n = \xi_n^C$ が成り立つ．このとき，定理4により級数 $\sum_{n=1}^{\infty} \xi_n^C$ が，つまり $\sum_{n=1}^{\infty} \xi_n$ が確率1で収束する．

必要性. 級数 $\sum_{n=1}^{\infty} \xi_n$ が確率1で収束するならば，$n \to \infty$ のとき，ほとんど確実に $\xi_n \to 0$ となる．したがって，すべての $C>0$ について，たかだか有限個の事象 $\{|\xi_n|>C\}$ が起こり，ボレル-カンテリの補助定理によって，$\sum_{n=1}^{\infty} \mathsf{P}\{|\xi_n|>C\} < \infty$ となる．さらに，級数 $\sum_{n=1}^{\infty} \xi_n$ が収束することから，級数 $\sum_{n=1}^{\infty} \xi_n^C$ も収束することになる．このとき，定理4から，級数 $\sum_{n=1}^{\infty} \mathsf{E}\xi_n^C$ と $\sum_{n=1}^{\infty} \mathsf{D}\xi_n^C$ が収束することが導かれる．

---

[1] Khintchine-Kolmogorov [1] を参照.

付録 確率論における 0-1 法則

これまでにすでに，ある極限確率が0または1に限られる事例をいくつか見てきた．たとえば，独立な確率変数列が収束する確率はこの2つの値だけをとりうる[1]．ここで，こうした多くの事例を含む一般定理を証明する．

定理（0-1 法則） $\xi_1, \xi_2, \cdots$ は任意の確率変数であって，$f(x) = f(x_1, x_2, \cdots)$ は変数 $x = (x_1, x_2, \cdots)$ のベール関数[2]であるとし，最初の n 個の変数 $\xi_1, \xi_2, \cdots, \xi_n$ が既知であるとする．これらの条件のもとでの関係

$$f(x_1, x_2, \cdots, x_n, \cdots) = 0$$

が成立する条件つき確率

$$\mathsf{P}\{f(x_1, x_2, \cdots, x_n, \cdots) = 0 | \xi_1, \xi_2, \cdots, \xi_n\}$$

が，各 n について，絶対確率

$$\mathsf{P}\{f(x_1, x_2, \cdots) = 0\} \qquad (1)$$

---

[1] 第6章§5を参照．大数の強法則において少なくとも確率変数 ξ_n が互いに独立である場合に，確率
$$\mathsf{P}\{\eta_n - d_n \to 0, \quad n \to \infty\}$$
についても同じことが言える．

[2] この場合，ベール関数は，多項式から始まる関数列を，反復して極限移行することによって得られる関数である．

に等しいとすると,このとき確率 (1) は 0 または 1 に等しい.

特に,確率変数 $\xi_1, \xi_2, \cdots$ が互いに独立であって,有限個だけの x_n を入れ替えても関数 $f(x)$ の値は変らない場合に,この定理の仮定は満たされる.

証明 $\xi = (\xi_1, \xi_2, \cdots)$ と表し,
$$A = \{\omega : f(\xi) = 0\}$$
とする.この事象と同時に,有限個の変数 ξ_n の間の何らかの関係で定義される,すべての事象の集合体 $\mathfrak{N}$ を考える.このとき,事象 B が $\mathfrak{N}$ に含まれるならば,定理の条件から

$$\mathsf{P}(A|B) = \mathsf{P}(A) \qquad (2)$$

が成り立つ.

$\mathsf{P}(A) = 0$ の場合には,この定理はただちに証明される.そこで $\mathsf{P}(A) > 0$ とすると,(2) から公式

$$\mathsf{P}(B|A) = \frac{\mathsf{P}(A|B)\mathsf{P}(B)}{\mathsf{P}(A)} = \mathsf{P}(B) \qquad (3)$$

が得られる.

こうして,$\mathsf{P}(B)$ と $\mathsf{P}(B|A)$ は $\mathfrak{N}$ 上で一致する 2 つの完全加法的集合関数であるから,この 2 つは集合体 $\mathfrak{N}$ のボレル拡張 $\sigma(\mathfrak{N})$ の任意の集合についても互いに等しくなければならない.したがって,とくに

$$\mathsf{P}(A) = \mathsf{P}(A|A) = 1$$

が成り立つ.これで定理は証明される.

確率の値として 0 か 1 かだけをとると断言できる他のいくつかの例が,レヴィによって発見されている[1].

---

1) これに関しては,Lévy [2], 定理 II を参照.

参考文献

S. N. Bernstein（С. Н. Бернштейн）

[1] "Опыт аксиоматического обоснования теории вероятностей". *Сообщения Харьковского матем. об-ва, сер.*2, 1917, **15**, 209-274.

[2] *Теория вероятностей*. 2-е изд., доп. М.-Л.: ГТТИ, 1934.

É. Borel

[1] "Les probabilités dénombrables et leurs applications arithmétiques". T. 27. Palermo: *Circ. Matem. Rend.*, 1909, 247-271.

[2] *Traité du calcul des probabilités et de ses application*. T. 1: Les principes de la théorie des probabilités. Fasc. 1. Principes et formules classiques du calcul des probabilités. Paris: Gauthier-Villars, 1925.

[3] *Traité du calcul des probabilités et de ses application*. T. 2: Les applications de la théorie des probabilités aux sciences mathématiques et aux sciences physiques. Fasc. 1. Applications à l'arithmétique et à la théorie des fonctions. Paris: Gauthier-Villars, 1926.

F. P. Cantelli

[1] "Una teoria astratta del calcolo delle probabilità".

Giorn. Ist. Ital. Attuari, 1932, **3**, 257-265.

[2] "Sulla legge dei grandi numeri", In: Cantelli F. Memoria. Roma: *Reale Accad. dei Lincei*, 1916, 330-349. (*Classe di scienze fisiche, matematiche e naturali*, Mem., ser. 5, **11**.)

[3] "Sulla probabilità come limite della frequenza". *Rend. Accad. Lincei*, 1917, **26**, 39-45.

C. Carathéodory

[1] *Vorlesungen über reelle Funktionen.* Leipzig, 1918, 237-258.

A. H. Copeland

[1] "The theory of probability from the point of view of admissible numbers". *Ann. Math. Statist.*, 1932, **3**, 143-156.

K. Dörge

[1] "Zu der von Mises gegebenen Begründung der Wahrscheinlichkeitsrechnung". *Math. Z.*, 1930, **32**, 232-258.

R. M. Fréchet

[1] "Sur la convergence en probabilité". *Metron*, 1930, **8**, 1-48.

[2] "Recherches modernes sur le calcul des probabilitiés". In: É. Borel, *Traité du calcul des probabilités et de ses applications*. T. 1. Fasc. 3. Paris, 1925.

[3] "Sur l'intégrale d'une fonctionnelle étendue à un ensemble abstrait". *Bull. Soc. Math. France*, 1915, **43**, 248-265.

V. Glivenko

[1] "Sur les valeurs probables de fonctions". *Atti Accad. Lincei*, 1928, **8**, 480-483.

B. Hostinsky

[1] *Méthodes générales du calcul des probabilités*. Paris, 1931. (Mém. Sci. Math., 52)

A. J. Khintchine

[1] "Sur la loi forte des grandes nombres". *C. R. Acad. Sci. Paris*, 1926, **186**, 285; 1929, **188**.

Khintchine-Kolmogorov

[1] "Über Konvergenz von Reihen". *Матем. сб.*, 1925, **32**, 668-677.

A. N. Kolmogorov (А. Н. Колмогоров)

[1] "Über die analytischen Methoden in der Wahrscheinlichkeitsrechnung". *Math. Ann.*, 1930/31, **104**, 415-458.

[2] "Общая теория меры и исчисление вероятностей". В кн: Коммунистическая академия. *Секция естественных и точных наук. Сборник работ математического раздела*. Т. 1. М., 1929, 8-21.

[3] "Sur la loi des grands nombres". *Atti Accad. Lincei*, 1929, **9**, 470-474.

[4] "Sur la loi forte des grands nombres". *C. R. Acad. Sci. Paris*, 1930, **191**, 910-912.

[5] "Über die Summen durch den Zufall bestimmter unabhängiger Grössen". *Math. Ann.*, 1928, **99**, 309-319.

[6] "Bemerkungen zu meiner Arbeit 'Über die Summen zufälliger Grössen'". *Math. Ann.*, 1929, **102**,

484-488.

Kolmogorov-Leontowitsch

[1] "Zur Berechnung der mittleren Brownschen Fläche". *Phys. Z. Sowjetunion*, 1933, **4**, 1-3.

M. A. Leontowitsch

[1] "Zur Statistik der kontinuerlichen Systeme und des zeitlichen Verlaufes der physikalischen Vorgänge". *Phys. Z. Sowjetunion*, 1933, **3**, 35-63.

P. P. Lévy

[1] *Calcul des probabilités.* Paris: J. Éc. Polytechn., 1925.

[2] "Sur un théorème de A. Khintchine". *Bull. des Sci. Math.*, 1931, **55**, 145-160.

A. M. Lomnicki

[1] "Nouveaux fondements du calcul des probabilités". *Fundamenta Math.*, 1923, **4**, 34-71.

O. Nikodym

[1] "Sur une généralisation des intégrales de M. J. Radon". *Fundamenta Math.*, 1930, **15**.

H. F. Reichenbach

[1] "Axiomatik der Wahrscheinlichkeitsrechnung". *Math. Z.*, 1932, **34**, 568-619.

E. E. Slutsky (Е. Е. Слуцкий)

[1] "Über stochastische Asymptoten und Grenzwerte". *Metron*, 1925, **5**(3), 3-89.

[2] "К вопросу о логических основах исчисления вероятностей". *Вестник статистики*, 1922, **12**, 13-21.

H. Steinhaus
 [1] "Les probabilités dénombrables et leur rapport à la théorie de la mesure". *Fundamenta Math.*, 1923, **4**, 286-310.

W. H. E. Tornier
 [1] "Wahrscheinlichkeitsrechnung und Zahlentheorie". *J. Reine und Angew. Math.*, 1929, **160**, 177-198.
 [2] "Grundlagen der Wahrscheinlichkeitsrechnung". *Acta Math.*, 1933, **60**, 239-380.

E. R. von Mises
 [1] *Vorlesungen aus dem Gebiete der angewiesen Mathematik.* Bd. 1: Wahrscheinlichkeitsrechnung. Leipzig u. Wien, Fr. Deuticke, 1931.
 [2] "Grundlagen der Wahrscheinlichkeitsrechnung". *Math. Z.*, 1919, **5**, 52-99.
 [3] *Wahrscheinlichkeitsrechnung. Statistik und Wahrheit.* Wien: Julius Springer, 1928.

第2版での追加文献

N. K. Bari (Н. К. Бари)
 [1] *Тригонометрические ряды.* М.: Физматгиз, 1961.

Kolmogorov-Fomin (Колмогоров-Фомин)
 [1] *Элементы теории функций и функционального анализа.* 2-е изд., перераб. и доп. М.: Наука, 1968. (邦訳：山崎三郎訳『函数解析の基礎（第2版）』岩波書店, 1971. なお原書第1版, 第4版の邦訳も岩波書店から刊行されている.)

A. Lebesgue (А. Лебег)

[1] *Интегрирование и отыскание примитивных функций*. М.-Л.: Лос. техн.-теор. изд., 1934.

F. Hausdorff (Ф. Хаусдорф)

[1] *Теория множеств*. М.-Л.: ОНТИ, Гл. ред. техн.-теор. лит., 1937.

解説 確率論の成立史

A.N.シリャーエフ

確率論の歴史の諸相を記述するにあたり,おおよそ以下のように,時代を区分することができる[1]-[3].

> 前　史
> 第1期（17世紀-18世紀初頭）
> 第2期（18世紀-19世紀初頭）
> 第3期（19世紀後半）
> 第4期（20世紀初頭）

この中で,コルモゴルフの『確率論の基礎概念』は特別な位置を占めている.すなわち,一面では,数学の一分野としての確率論を構築しようとする,長い追究の道のりがこれによって完結し,他面では,確率論の新しい,現代的な発展の時代が切り拓かれたのである.

前　史

偶然性についての直観的な理解をもつことや,（祭礼儀式,論争の解決,予言などにおいて）起こるかもしれない**偶然の出来事**をあれこれ議論したりすることは,何世紀も

前から行われてきたことである．しかし，前科学時代には人間の理性や合理的説明の及ばないものと見なされていたこれらの出来事を，概念化し，形式的・論理的に研究しようとするようになったのは，今からわずか数世紀前のことでしかない．

考古学的調査によれば，発掘物のなかで最も古い"偶然性の道具"は，古代に原始的なゲームで使われていた四面体骨，"アストラガロス"である．このような骨がエジプト第1王朝の時代（およそ紀元前3500年頃）に，その後ギリシャとローマで，卓上ゲームに使われたということは確実に断言できる．ローマ帝国の初代皇帝アウグストゥス（Augustus, 紀元前63年-紀元14年）と第4代皇帝クラウディウス（Claudius, 紀元前10年-紀元54年）は，サイコロ・ゲームの熱烈な愛好者であった．

ゲーム以外にも，これに関連して，吉数と凶数についてのごく単純な問題がすでにこの時代にはあったし，保険や商業においても同じ問題が生じた．

現在知られている限り最も古い保険の書類は，バビロニア時代の記録の中から見つかった海運の契約書で，これは紀元前4-3世紀の時期のものである．その後，このような契約はフェニキア人，ギリシャ人，ローマ人，インド人へと伝わっていった．その形跡がローマ文明の初期の法典，ビザンティン帝国の法律に見られる．生命保険の関連では，ギリシャの法律家ウルピアヌス（Domitius Ulpianus, 170-228）が初めて死亡表（平均余命表）を作

った (220 年).

イタリア都市共和国（ローマ，ヴェネツィア，ジェノヴァ，ピサ，フィレンツェ）が最も栄えた時期には，保険の実務に関係して，ごく簡単な統計学や保険勘定が必要になった．正確な日付のある最初の生命保険の契約書は，ジェノヴァで 1347 年に結ばれたことが知られている．

都市共和国の時代の後にくるのはルネサンス（14 世紀末から 18 世紀初頭），すなわち，西ヨーロッパの社会と文化における再生と刷新の時代である．おそらくルネサンス期のイタリアでは，"確率的"考察に関する，多少なりともまともな議論——その多くは**哲学的性格**をもつ——が行われていた．その形跡を，パチオーリ (Fra Luca Pacioli, 1445-1517?)，タルタリア (Niccolò Fontana Tartaglia, 1500-1557)，カルカニーニ (Celio Calcagnini, 1479-1541) に見出すことができる[3],[4].

ゲームにおける偶然性を数学的に解析した最初の一人は，おそらくカルダノ (Girolamo Cardano, 1501-1576) であろう．カルダノはプロペラシャフトの発明者として，あるいは 3 次方程式の代数的解法の発見者としても知られている．彼の手稿（1525 年ごろのもの）は，ようやく 1663 年になって，『サイコロ遊びについて』(*Liber de ludo aleae*) という表題で刊行された．この本は単にプレイヤーに実用的な指南をするだけではなく，ここにおいて初めて**組み合わせ**の考えが提唱され，そのおかげで，（さまざまなサイコロを，いろいろの回数投げるときの）可能

なすべての結果を簡単に記述できるようになった．また，まともなサイコロを使えば，すべての組み合わせの数に対する都合のよい組み合わせの数との比が，実際のゲームの場面と極めてよく一致することがわかった[4]．

第1期（17世紀-18世紀初頭）

ラプラス[5],[6] をはじめ多くの人々が，パスカル (Blaise Pascal, 1623-1662) とフェルマー (Pierre de Fermat, 1601-1665) の往復書簡が"確率計算"の誕生を告げるものであると考えている．この往復書簡は，アントワーヌ・ゴンボー (Antoine Gombaud, 1607-1684, 別名メレの騎士 (Chevalier de Méré) ともいい，作家でありモラリストでもある) がパスカルに提起したいくつかの問題を議論するために交わされたものである．——

これらの問題のひとつは，中断されたゲームについて，得点をどのように分配するのが正当かということについてであった．二人のプレイヤーAとBとが，彼らが行っているゲームで，先に例えば5回勝ったプレイヤーがすべての得点を獲得することに合意しているとする．プレイヤーAが4回勝ち，プレイヤーBは3回勝った時点で，ゲームをやむを得ず中止しなければならなくなったとしよう．このように中断されるゲームでは，得点をプレイヤー間でどのような割合で分配すべきであろうか？ この問いに対する"自然な"答えのひとつは，得点を2:1の割合

で分配すべきとすることであろう．このことは証明が可能である．実際，このゲームには，2通りの終わり方があって，プレイヤーAにとっては1回だけ勝てばよく，プレイヤーBにとっては，2回勝たなければならない．このことから，得点の配分の割合は2:1となる．

ところで，各プレイヤーが勝った勝負の回数に従って，4:3の割合とするのも"自然である"とも考えられる．しかし，これらの答えはいずれも正しくない．パスカルとフェルマーが導いたように，正しくは3:1の割合で分配すべきである．

別の問題は，かたよりのないサイコロを4回投げて6の目が少なくとも1回出ることと，2個のかたよりのないサイコロを24回同時に投げて，6の目の対 (6,6) が少なくとも1回現れることとでは，どちらがよりあり得そうであるかということである．

この問題にもパスカルとフェルマーは正しく答えている．前者の組み合わせが，後者よりも，いくらか起こりやすい（最初の組み合わせの確率は $1-(5/6)^4 \fallingdotseq 0.518$ であり，後者は $1-(35/36)^{24} \fallingdotseq 0.491$ である）．

これらの問題を解くために，パスカルとフェルマーは，（カルダノと同じく）組み合わせ推論を用いたが，この方法は，さまざまな偶然事象を勘定する際の，"確率計算"のひとつの基本的方法となっていった．パスカルの三角形は以前から知られてはいたが，ここにしかるべき"応用"

の場を得ることになった．

1657年には，ホイヘンス（Christiaan Huygens, 1629-1695）が『サイコロ遊びにおける計算について』（*De Ratiociniis in ludo aleae*）を刊行した．この本は，"確率計算"の系統だった最初のテキストであり，確率計算の基本的概念と原理の多くが明瞭に定式化されているほか，確率の加法と乗法の規則が導入され，数学的期待値の概念についての議論もなされている．この本は長い間，"初等確率論"の基本的な学習書とされていた．

この期における，"確率論"創設の中心人物は，ヤコブ・ベルヌーイ（Jacob Bernoulli, 1654-1705）である．"事象の確率"を，可能な結果の個数に対する，その事象が起こることになる結果の数の比であるとする"古典的"概念を科学に導入したのは，彼の業績である．

ベルヌーイの一番の業績——これには彼の名前が付けられている——は，言うまでもなく確率論のあらゆる応用の基礎にある"大数の法則"である．

極限理論として定式化されたこの定理が生まれたのは，1713年に，ベルヌーイの著書『推論術』（*Ars Conjectandi*）が世に出た日であるとされている．この本の出版には彼の甥ニコラス・ベルヌーイが関与している[71]．大数の法則誕生200年にあたってマルコフが述べているように[7],[71]，ヤコブ・ベルヌーイは，ライプニッツ（Gottfried Wilhelm Leibniz, 1646-1716）宛ての書簡（1703年10月3日-1704年4月20日）で，この定理

を「すでに20年も前に知っていた」と書いている（"大数の法則"という名前そのものは，ポアソンが1835年に付けたものである）．

ベルヌーイ家を代表するもう一人の人物，ダニエル・ベルヌーイ（Daniel Bernoulli, 1700-1782）は，いわゆる"サンクトペテルブルクのパラドックス"の議論によって確率論でも知られているが，彼はこの問題の解決にあたって"精神的期待値"（効用）の概念を用いた．

確率論形成の第一期は，数理科学の創設の時期と重なっている．連続性や無限，無限小の概念が扱われたのはまさにこの時期であり，ニュートン（Isaac Newton, 1642-1727）とライプニッツによって微積分法が創られたのもこの時期である．コルモゴロフが述べているように[1]，この時期の課題は，──

因果的な諸関係を研究する際に数学的方法がもつ，並外れた広さと柔軟性（そして当時は信じられていた万能性）を理解することにあった．システムの現時点での状態によって将来の進展を一意的に確定する法則としての微分方程式の考えは，数理科学において，今日とは比較にならないほど大きな特権的位置を占めていた．確率論は，数理科学のうち，微分方程式のこの決定論的枠組みが機能しないところで必要とされた．この時期には，計算するために，すなわち実務のために確率論が用いられるような，具体的で自然科学的な対象はなかった．

だからといって，現実の現象を微分方程式系のタイプの決定論的モデルに持ち込むと，モデルは大ざっぱにならざるをえないこともすでに良くわかっていた．個別には数えきれないほど膨大で，互いに関連のない現象が集まって生じる混沌によって，"平均において"全く厳密な法則性が現れるということも明らかであった．ここでも，確率論の基本的な自然科学的役割が期待されていた．

ここで注意すべきは，無限に繰り返される試行結果の系列を考えることが重要であるというヤコブ・ベルヌーイの認識である．これらの試行における何らかの事象の出現頻度の極限挙動に関する問題設定そのものに，初等算術や初歩的な組み合わせの方法に限られていた当時の確率的考察にとっては，根本的に新しい（"非有限"的）考えがあったということである．まさにこの問題設定が，次の大数の法則に至るものである．その法則は，事象の**確率**という概念と，有限回繰り返される試行でその事象が起こる**頻度**とを区別し，この確率を多数回の繰り返しでの頻度の値で（ある精度で）推定できるというものである．

第 2 期（18 世紀-19 世紀初頭）

この期における主要な人物は，モンモール（Pierre Raymond de Montmort, 1678-1719)，ド・モアヴル（Abraham De Moivre, 1667-1754)，ベイズ（Thomas Bayes, 1702-1761)，ラプラス（Pierre-Simon Laplace,

1749-1827), ガウス (Carl Friedrich Gauss, 1777-1855), それにポアソン (Siméon Denis Poisson, 1781-1840) である.

第1期が主として**哲学的性格**の期間であったとすれば, 第2期は, **解析的**方法の発展と研磨の期間である. この時期はまた, 観測誤差の理論や射撃理論など, 確率統計的アプローチを思わせるさまざまの分野で計算を行う必要が生じた時代であった.

モンモールとド・モアヴルは, ヤコブ・ベルヌーイの"確率計算"に関する研究から大きな影響を受けた人物である. モンモールは『偶然ゲームの解析の試み』(*Essai d'analyse sur les jeux de hazard*, 1708年) において, さまざまなゲームにおける計算方法の発展そのものに焦点を当てている.

一方, ド・モアヴルは, 2点の書物『偶然論』(*Doctrine of Chances*, 1718年) と『解析学雑論』(*Miscellanea analytica*, 1730年) を著し, 事象の**独立性**, **期待値**, **条件つき確率**などの概念を, きわめて入念に与えている.

ド・モアヴルの名前が最もよく知られているのは, 二項分布の正規近似に関連してのことである. ベルヌーイが, 大数の法則は頻度が普遍的に, また"平均において", (事象が起こる頻度がその確率に, 明確にされた意味で収束するという形の) ある厳密な法則に従うことを示したとすれば, ド・モアヴルによって見出された正規近似は, 平均か

らの偏差の挙動についての, もう一つの普遍的法則である. ド・モアヴルのこの結果とその後になされた一般化が果たした役割は大変顕著なものであって, その"積分極限定理"は確率論の**中心極限定理**と呼ばれるほどのものである ("中心極限定理"という命名は, 1920年にポリアが提案したものである[70]).

この期を代表する人物は, 間違いなくラプラスである. 1812年に出版された彼の論文『確率の解析的理論』(*Théorie analytique des probabilités*) は, 19世紀の確率論の基本的教科書となった. ラプラスはこれ以外にも, 天文学や数理解析関連での研究のほか, 基本的な哲学的問題や確率計算の問題についての論文を書いている. ラプラスの誤差論における貢献もまた顕著である. 多数の独立な要素誤差が総和された結果として生じる正規分布を誤差論に導入するという自然な考えは, まさに彼とガウスによるものである. さらに, ラプラスはド・モアヴルの定理により一般的な定式化を与えた (ド・モアヴル–ラプラスの定理) だけでなく, 新しい解析的証明も与えた.

ベルヌーイに従って, ラプラスは確率の概念の (可能な結果の数が有限個である) "古典的"定義に起源をもつ, "同様な確からしさ" (あるいは"無差別") の原理を守り続けた.

しかし, すでにこの時期に, 古典的枠組みに収まらない"非古典的"確率分布が現れた. そのような確率分布として, 例えば, 正規分布とポアソン分布が挙げられるが, こ

れらは長い間，単なる近似でしかないと見なされ，(現代的意味での) 確率分布とは考えられていなかった．

"非古典的"分布が現れる別の例は，(1665 年のニュートンの論文 [8], 60 ページのような) "幾何学的確率" に関する問題である．有名な "ビュフォンの針" もこの問題に属するものである．一方，2 種類の確率がベイズの公式に関連して現れ，1763 年に出版された『偶然論における一問題を解くための試み』(*An Essay towards Solving a Problem in the Doctrine of Chances*) において，ベイズはある事象の出現について，事前確率から事後確率 (ベイズは同じものと考えた) を計算する規則を与えた．この公式は統計学にまったく新しい流れを作り出したもので，今日では "ベイズの方法" と呼ばれている．

これまでに述べたことから明らかになるのは，確率の "古典的" (有限) 理論は，確率論の発展と応用の可能性を大いにそぎ，正規分布やポアソン分布などは単なる極限移行演算で得られたものにすぎず，不完全なものであると感じられたということである．この期間には確率論が抽象的に構成されることはなく，応用数学としてしか見なされなかった．しかも，その方法は具体的な (ギャンブル，誤差理論，射撃論，保険，人口論などの) 応用の枠内に限られていた．

第 3 期 (19 世紀後半)

確率論の一般的問題が研究されたこの期の主要な地

は，サンクトペテルブルクである．ここで，チェビシェフ (Пафнутий Львович Чебушёв, Pafnuty L'vovich Chebyshev, 1821-1894)，マルコフ (Андрей Андреевич Марков, Andrey Andreyevich Markov, 1856-1922)，リャプノフ (Александр Ляпунов, Aleksandr Lyapunov, 1857-1918) たちの大きな貢献によって，確率論の体系が拡大され，その内容が深化された．まさに彼らのおかげで，確率論は"古典的"場合に限られるという制約から解放された．チェビシェフは，確率変数と数学的期待値の概念の役割を極めて明瞭に評価し，今では当たり前のこととされているが，これらの概念を使うことが便利で効果的であることを例示した．

大数の法則，ド・モアヴル-ラプラスの定理は，2つの値しかとらない確率変数を扱うものであった．チェビシェフはこれらの定理の適用範囲を（さらに一般的な確率変数へと）大きく拡大した．こうして，彼は最初の学問的成果ですでに，ある一定の値で限界づけられる任意の独立な確率変数の和について，大数の法則が成り立つことを証明した．（これに続く前進がマルコフによってなされた．その証明に使われた不等式は"チェビシェフ-マルコフの不等式"と呼ばれる.)

チェビシェフは大数の法則につづき，ド・モアヴル-ラプラスの定理が独立な確率変数の和についても成立することを証明した．それを証明するために，**モーメント法**による新しい証明法が開発された．このモーメント法は，後に

マルコフによって完成される.

ド・モアヴル – ラプラスの定理が成立するための一般的条件を見つける予想外の前進が,リャプノフによってなされた.彼は,ラプラスに起源をもつ特性関数の方法を用いて,いわゆる"リャプノフの条件"を満足する総和可能確率変数が,すべてのモーメントではなく $2+\delta$ 次 $(\delta>0)$ のモーメントをもつとする仮定のもとで,このド・モアヴル – ラプラスの定理を証明した.

原理的に新しい概念のひとつとしてここに述べておくべきものがある.それは,"無残留効果性"をもつ"**独立な確率変数**"で,今日では"マルコフ連鎖"と呼ばれている.このモデルをマルコフが導入し,これについて"エルゴード原理"が初めて厳密に証明された.

チェビシェフ,マルコフ,リャプノフ(ペテルブルク学派)の研究が確率論のその後のすべての発展のために強固な基礎を築いたことは明らかで,そのように断言できる.

西ヨーロッパでは,19 世紀後半に確率論が,純粋数学,統計物理学,および急速に発展し始めていた数理統計学と深い関連があることが気付かれていて,確率論に対する関心が飛躍的に高まった.

この期における確率論固有の発展は"古典的な"前提の枠組み(試行の結果の個数が有限であることと,結果の同様な確からしさ)によって厳しく抑えられていて,純粋数学を模範にしてしかるべき拡張を行うべきであることがますます明らかになった.(この期には,集合論は創られた

ばかりであり，測度論は創設の兆しがあったにすぎないことを思い出すとよい.)

ちょうどこの時に，確率論とははるかに遠いと思われていた純粋数学，特に整数論において，純粋に"確率"的性格の概念が用いられるようになり，その成果が生まれ始め，確率的直観が活用されるようになった．

例えば，ポアンカレ（Henri Poincaré, 1854-1912）は，3体問題を扱った1890年の論文 [9] で，"体積"保存変換 T で記述される力学系の再帰性についてのある結果を得た．これは，初期状態 ω が属す集合を A とすれば，"典型的な"点 $\omega(\in A)$ に対し，軌道 $T^n\omega$ は集合 A に無限回戻る（再帰する）というものである（現代の言葉で言えば，この再帰はすべての初期点ではなく，ほとんどすべての初期点について起こる）．

この期には，"ランダムな選択"，"典型的な偶然"とか"特殊な偶然"といった言葉がしばしば使われている．書籍『確率計算』（Calcul des probabilités, 1896）[10] で，ポアンカレは「区間 $[0,1]$ からランダムに選んだ点が有理数である確率はいくらか」という問題を出している．

1888年に天文学者ギルデン（Johan August Hugo Gyldén, 1841-1896）は，（ポアンカレ [9] と同じく，）今日では確率論的数論と呼ばれているものに起源をもつ，天体の安定性問題を扱った論文を発表した [11]．そこで述べられていることは次のとおりである．

点 $\omega \in [0,1)$ を"ランダムに"選び，$\omega = (a_1, a_2, \cdots)$ を

その連分数展開とする. ここで, $a_n = a_n(\omega)$ は整数である (有理数 ω の連分数展開では, $a_n \neq 0$ となる n の個数が高々有限であって, $(a_1, a_2, \cdots)$ から作られる数 $\omega^{(k)} = (a_1, a_2, \cdots, a_k, 0, 0, \cdots)$ が ω の最良近似として使われる)."典型的な" 場合として, n が大きくなるとき, 変量 $a_n(\omega)$ は "どうなるか" が問題になる.

ギルデンは, 展開 $(a_1, a_2, \cdots)$ において, n が大きくなるとき, 値 $a_n = k$ となる "確率" は "ほぼ" k^2 に反比例することを, 厳密ではないが証明した. (しばらく後に, ブロデン [12] とワイマン [13] は幾何学的確率を頼りにして, $\omega \in [0, 1)$ を, $[0, 1)$ 上の ω の "一様分布" にしたがってランダムに選ぶならば, $a_n(\omega) = k$ となる確率は, $n \to \infty$ のとき, 値

$$(\log 2)^{-1} \cdot \log\left(\left(1 + \frac{1}{k}\right) \middle/ \left(1 + \frac{1}{k+1}\right)\right)$$

に収束することを証明した. ここで, k が十分大きいとき, この式の値は k^2 に反比例することになり, これは本質的には, ギルデンが示していたことである.)

19 世紀の後半には, 確率の概念と考え方が, 古典的統計物理学と統計力学で用いられることになった. 例えば, マクスウェル (James Clerk Maxwell, 1831-1879) による分子速度の**マクスウェル分布** [14], ボルツマン (Ludwig Boltzmann, 1844-1906) の**時間平均とエルコード仮説** [15],[16] を思い出せば十分である.

このような人物には, 後にギブズ (Josiah Willard

Gibbs, 1839-1903) の研究でさらに発展した**アンサンブルの概念**が関連している[17].

確率的アプローチと確率の概念が果たす役割についての理解を深め, これ以降の確率論のあらゆる発展に大きな役割を果たしたのは, 1827 年にブラウン (Robert Brown, 1773-1858) が発表した**ブラウン運動**と呼ばれる現象 (この現象の記述は 1828 年に出版された小冊子『微視的観察についての短い報告』(*A brief account of microscopical observation*) およびベクレル (Antoine Henri Becquerel, 1852-1908) が放射性物質ウランの性質を調べていて, 1896 年に見出した**放射性物質の崩壊現象**である.

その後, ブラウン運動の定性的説明と定量的記述がアインシュタイン (Albert Einstein, 1879-1955)[18], スモルコフスキー (Marian Smoluchowski, 1872-1917)[19] によって与えられた. 放射性物質の崩壊現象は, 20 世紀の 20 年代に創設される量子力学の枠内で説明されることになった.

これまでに述べたことから明らかになったことは, 新しい確率論の体系, モデル, 確率論的イデオロギーは"古典的確率論"の枠には収まりきらず, "ランダムな"ブラウン運動の説明についてはもはや言うまでもなく, 例えば, "区間 [0,1) からランダムに点を選ぶ"といった型の表現に厳密な数学的意味を与えることができるようにするために, 新しい概念が求められるようになったということ

である．この視点からすれば，タイミング良く，集合論，ボレル (Émile Borel, 1871-1956) が1898年に導入した "ボレル測度" の概念[20]，ならびにルベーグ (Henri Lebesgue, 1875-1941) が1904年の著書[21]で与えたルベーグ積分の理論が登場していた．(ボレルの測度はユークリッド空間上に，長さの概念の一般化として与えられた．**抽象**可測空間上の測度論の現代的記述は，1915年にフレシェ (Maurice Fréchet, 1878-1973) によってなされた[22]．測度論と積分論の歴史については，例えば [23] を参照．)

実際のところ，ボレルの測度論とルベーグの積分論が多くの確率的考察のための基礎となり，"区間 $[0,1)$ からランダムに点を選ぶ" といった型の多くの直感的表現に正確な意味を与える上での概念的基礎となることはすでに気づかれていた．まもなく (1905年に)，ボレル自身が集合論的アプローチを確率論に適用した．それは，本質的には極限定理である最初の定理，**大数の強法則**を証明することにおいてであった．その定理は，実数のある性質が "確率1で"，すなわち "ほとんど確実に" 成り立つという定理である．

この定理の核心は，例外的 (以下に述べる意味での) 性質をもつ "多数あるいは少数の" 実数を明確に表現することであって，その方法は次の通りである．

実数 ω は，$\omega \in [0,1)$ であって，$\omega = 0.\alpha_1\alpha_2\cdots$ を，$\alpha_n = 0$ または $\alpha_n = 1$ をとる2進展開とする (上で考えた連

分数展開 $\omega=(a_1,a_2,\cdots)$ と比較せよ）．このとき，最初の n 個の値 $\alpha_1,\cdots,\alpha_n$ のうちに 1 が出現する頻度を $\nu_n(\omega)$ とすれば，$n\to\infty$ のとき $\nu_n(\omega)\to\dfrac{1}{2}$ となる点 ω（ボレルが"正規点"と呼んだ点）の集合のボレル測度は 1 であり，このような収束の起こらない点（"例外的"な点）ω の集合の測度は 0 である．

この結果（"ボレルの大数の強法則"）は，ヤコブ・ベルヌーイの定理（"大数の法則"）に似ている．しかし，両者には形式的-数学的にも，概念的-哲学的にも違いがある．実際，大数の法則の主張は，どんな $\varepsilon>0$ についても，事象

$$\left\{\omega:\left|\nu_n(\omega)-\frac{1}{2}\right|\geqq\varepsilon\right\}$$

の確率が，$n\to\infty$ のとき，0 に収束するということに尽きる．ところが，大数の強法則はもっと多くのこと，すなわち，事象

$$\left\{\omega:\sup_{m\geqq n}\left|\nu_m(\omega)-\frac{1}{2}\right|\geqq\varepsilon\right\}$$

の確率が 0 に収束すると主張している．さらに，前者は**有限個**の系列 $(\alpha_1,\alpha_2,\cdots,\alpha_n)(n\geqq 1)$ と，これらの確率の極限とについて述べているが，後者の場合は，**無限系列** $(\alpha_1,\alpha_2,\cdots,\alpha_n,\cdots)$ によって確定する確率の性質について言及している．（このことに関わりのある，確率的方法の整数論への波及に関わる一連の数学的および哲学的問題の全貌についての詳細な記述，ならびに現代的確率論の創設

に関係する一般的な事柄については，プラトの著書[25] を参照．)

第4期（20世紀初頭）

確率論と純粋数学との間の結びつきが19世紀末までに明らかになったことを受けて，ヒルベルト（David Hilbert, 1862-1943）が，1900年にパリで開催された第2回国際数学者会議での8月8日の招待講演の中で，"確率論の現代化の問題"を取り上げた．すなわち，彼の有名な問題のうちの第6問題として，数学が主要な役割を果たしている物理学を公理的に扱うことを問題として提示した（第1問題は連続体仮説に関するものである）．ヒルベルトは物理学には確率論と力学も含むものとしていた．それは，物理学，特に気体の運動論における平均値に基づく方法を厳密で満足できるものへと発展させなければならないことを指摘するためでもあった．（ヒルベルトによれば，確率論の公理化を問題として初めて設定したのはゲッティンゲン大学の私講師であったボールマン（Georg Bohlmann, 1869-1928）である．彼は同じ1900年の春にパリで開催された保険経理士の会合で，この問題について語っていたのだった[72],[27]．ボールマンが導入した確率は，事象の（有限加法的）関数であると定義されたが，"事象系"は十分には厳密に定義されていなかった．もっとも，このことに彼ははっきりと気づいてはいた．)

確率論成立史の第4期であるこの期は，確率論の論理

的基礎づけが行われ，確率論が数学のひとつの分科として確立される期である．

ヒルベルトの報告の直後から，集合論と測度論の諸要素を取り入れて，数学的確率論を構築する試みが始まった．

例えば，1904年にはレメル（Rudolf Lämmel, 1879-1972）が集合論を頼りにして試行の結果の集まりを記述したが[26],[27]，確率概念そのものは（体積，面積，長さ……を連想させる "content" という言葉で表されており），前の期における直観的水準にとどまるものであった．

別の著者，ブロッジ（Ugo Broggi, 1880-1965）は，ヒルベルトの指導のもとで完成した博士論文[28]で，ボレルおよびルベーグの測度論（論文 [21] での表現に基づいて）を参考にしてはいるが，確率の概念（有限加法性）を定義するのに，"相対測度"，"相対頻度"（もっとも単純な場合）を用い，（一般の場合には）技巧的な極限移行の手続きを必要としていた．

コルモゴロフは，『確率論の基礎概念』[30]（論文 [1] も参照）において，確率論の論理的基礎づけを行うためのアプローチ，特にベルンシュテイン（С. Н. Бернштейн, S. N. Bernstein, 1880-1968）とフォン・ミーゼス（Richard von Mises, 1881-1953）が提案したアプローチに注目している．

ベルンシュテインの公理系[32]は，事象の起こる見込みによって，**定性的**に比較することを基礎にしていた．確率の数値そのものはある派生概念として現れた．

その後，これとよく似た，**主観的**で定性的な考察（"主観知の体系"）に基づくアプローチを，フィネッティ（Bruno de Finetti, 1906-1985）が 1920 年代末から 30 年代初頭の間に大きく発展させた[33]-[36].

フィネッティの考えは，例えば，サヴェジ（Leonard J. Savage, 1917-1971）[37]などベイズ派の統計学者たちからの支持を得たし，"主観的"要素が非常に大きな役割を果たすゲームと意思決定の理論でも非常に大きな役割を果たした．

1919 年にフォン・ミーゼスは，確率論の基礎づけのために，**頻度的**（あるいは，**統計的**とも**経験的**とも言われる）アプローチを提唱した[38],[39]．この考えの基礎は，確率の概念はいわゆる"コレクティフ"にのみ適用できるとする考えである．"コレクティフ"とは，"偶然性"をもつ仕方で作られた，**個別に無限に順序づけられた系列**のことである．

フォン・ミーゼスの一般的モデルの概略を次のように述べることができる．"試行"の結果からなる標本空間があって，試行は無限回行うことができるとする．その n 番目の"試行"の結果を x_n で表して，系列 $x=(x_1, x_2, \cdots)$ を得る．さらに，A を"試行"結果の集合のある部分集合とし，$\nu_n(A;x) = \dfrac{1}{n} \sum_{i=1}^{n} I_A(x_i)$ を最初の n 回の試行において"事象"A が起こる頻度（相対度数）とする．

系列 $x=(x_1, x_2, \cdots)$ が，次の 2 つの条件（フォン・

ミーゼスの代替条件という[38]-[40])を満足するとき,この列を"コレクティフ"(Kollectiv)と呼ぶことにする.

1. (系列における頻度の極限値の存在) すべての"許容"集合 A に対し,頻度の極限値

$$\lim_{n\to\infty} \nu_n(A;x)(=P(A;x))$$

が存在する.

2. (部分系列における頻度の極限値の存在) 系列 $x=(x_1, x_2, \cdots)$ から,あらかじめ約束された ("許容") 規則系 (フォン・ミーゼスが "位置選択関数" (place-selection function) と呼んだもの) に従って作られる,すべての部分系列 $x'=(x'_1, x'_2, \cdots)$ について,頻度の極限値 $\lim_{n\to\infty} \nu_n(A;x')$ が,系列 $x=(x_1, x_2, \cdots)$ そのものでの極限値と等しくなければならない.すなわち $\lim_{n\to\infty} \nu_n(A;x')$ が $\lim_{n\to\infty} \nu_n(A;x)$ と一致しなければならない.

フォン・ミーゼスによれば,"集合 A の確率"とは"コレクティフ"についてだけ言えることであって,集合 A の確率 $P(A;x)$ は(条件1に対応して)頻度の極限値 $\lim_{n\to\infty} \nu_n(A;x)$ として定義できる.ここで注意すべき重要なことは,この極限値が存在しない(したがって,定義により x が "コレクティフ"でない)ならば,対応する確率が定義されないことである.条件2においては,フォン・ミーゼスは "偶然性" の概念 (これは直観にも合い,どの "確率的" 考察の根底にもある) をコレクティフ $x=(x_1, x_2, \cdots)$ の形成で表現しており,ここにはこ

の系列の"非規則性"の考えと,その"将来の値"(すなわち任意の $n \geq 1$ とする $(x_n, x_{n+1}, \cdots)$)を"過去の値"(すなわち $(x_1, x_2, \cdots, x_{n-1})$)に基づいて予測することはできないという"予測の不可能性"の考えが反映されている.(このような系列は,コルモゴロフの公理を支持する確率論研究者たちには「**独立な同一分布をする確率変数の観測結果の典型的系列**」を連想させるはずである.)

フォン・ミーゼスが構成に当たって用いた上述の条件1, 2, つまり彼が述べているように([40], 1ページ),"反復事象の数学的理論"は,大いに議論され,批判された(特に1930年代).基本的な異論は,現実の場において通常関係するのは,無限系列ではなく,**有限**系列であるということに帰着する.さらに,極限値 $\lim_{n \to \infty} \nu_n(A; x)$ の存在を現実には確認できず,系列 x が x' に移行するときの極限値の"敏感度"を確定することも現実的にはできない.深刻な批判は,系列を形成する"許容される"規則の概念を定義するためにフォン・ミーゼスが行った方法に対してである.つまり,条件2で考察が許されているような規則("テスト")の定義が不明瞭であることに対してである.

0と1から作られる系列 $x = (x_1, x_2, \cdots)$ で,極限値 $\lim_{n \to \infty} \nu_n(\{1\}; x)$ が区間 $(0,1)$ にあるものを考えるならば,この系列には無限個の0と1とがなければならない.したがって,部分系列を作る**任意**の規則を認めるならば,x から,例えば1だけから,極限値が $\lim_{n \to \infty} \nu_n(\{1\}; x') = 1$

である部分系列 x' を作ることがつねに可能である．このことから，部分系列のすべての作り方に関して不変な自明でないコレクティフは**存在しない**と結論できる．

コレクティフのクラスが"空ではない"ことを証明する第一歩は，ワルド（Abraham Wald, 1902-1950）の1937年の論文によってなされた[41]．彼の構成法で系列 $x = (x_1, x_2, \cdots)$ から部分系列 $x' = (x'_1, x'_2, \cdots)$ を作る規則は，ふたつの値 0, 1 をとる関数の可算個の組 $f_i = f_i(x_1, \cdots, x_i) (i \geq 1)$ を用いて記述された．$f_i(x_1, \cdots, x_i) = 1$ であれば，要素 x_{i+1} を系列 x' に含め，$f_i(x_1, \cdots, x_i) = 0$ であれば，含めないことにする．1940年にチャーチ（Alonzo Church, 1903-1995）は部分系列の別の作り方を提案した[42]．それは，各々の構成法は，実行する際に"効果的に計算可能"でなければならないという考えに基づいていた．チャーチのこの考えは**アルゴリズム的に計算可能な**（すなわち，いわゆるチューリング・マシンを用いて計算できる）関数の概念に至った．これは，部分系列を作るために彼が提案したものでもあった．（例えば，x_i は 2 つの値 $\omega_1 = 0, \omega_2 = 1$ をとるとする．系列 $x = (x_1, \cdots, x_n)$ に正数

$$\lambda_n = \sum_{k=1}^{n} i_k \cdot 2^{k-1}$$

を対応させる．ここで，i_k を $x_k = \omega_{i_k}$ となるように定める．$\varphi = \varphi(\lambda)$ を $\{0, 1, 2, \cdots\}$ 上で定義された，2値 $\{0, 1\}$ 関数であるとして，$\varphi(\lambda_n) = 1$ であれば，x_{n+1} を系列 x'

に含め，$\varphi(\lambda_n)=0$であれば，x_{n+1}を系列x'に含めない.)

"コレクティフ"を"偶然性"をもつ系列として概念化することの説明と根拠づけのひとつとして，フォン・ミーゼスは，このような系列について"ゲームの勝ち方式"を作ることはできないという発見的議論を行った.

この考えに対して，ヴィル (Jean Ville, 1910-1989) の短い論文において批判的な解析がなされ (1939年)[43]，フォン・ミーゼスの考察に厳密な形式が与えられた．まさにこの論文で"マルチンゲール"という言葉が(**数学的概念としては**) 初めて用いられたことは興味あることとして注目される.

これまでに述べてきたことからわかるように，確率の公理化への（ベルンシュテイン，フィネッティ，フォン・ミーゼスらの）アプローチには煩雑さが残っているし，盛り込み過ぎでもある．コルモゴロフがその著書『基礎概念』[30] で述べているように，これらの多くは，応用をできるだけ容易にしようとしたがために，簡潔な公理化を達成することには至らなかった.

コルモゴロフが確率論の論理的基礎づけへの関心を初めて表明した出版物は，（十分に広くは知られていないが）論文「測度の一般論と確率計算」[44] においてであった．その論文の題名と内容とから，集合論と測度論を基礎にすることに確率論の論理的基礎づけの可能性を見出したことがわかる．確率論の論理的基礎づけを集合論と測度論の上

に行うことは，すでに述べたことからもわかるように，まったく新しいことではなく，集合論と関数の計量的理論を軸とする理論を数学研究の基本的分野の一つとするモスクワ学派にとってはまったく当然のことであったと言える．

この論文の発表（1929年）と『基礎概念』（1933年）[29]の出版との間に，コルモゴロフは確率論における著名な論文「確率論における解析的方法について」[46]を発表した．この論文について，アレクサンドロフ（Павел Александров, Pavel Alexandrov, 1896-1982）とヒンチン（Александр хинчин, Alexandr Khintshine, 1894-1959）は，「20世紀のあらゆる確率論の業績のなかで，その業績後の学問の発展にとって，この論文以上に強力な基礎となったものを挙げることは難しい」と述べている[47].

この論文が本質的に重要であるのは，マルコフ確率過程論の基礎が記述されていることだけでなく，この理論と確率論全体，数理解析学（とくに常微分方程式，偏微分方程式），古典力学，古典物理学などとの密接な関連が示されているという点にある．

いま述べている数学的確率論の基礎づけの問題との関連でいえば，「解析的方法」[46]が，『基礎概念』の（公理化と並ぶ）目的のひとつである確率過程の理論の論理的基盤を構築することの必要性に，"物理的な"動機づけを与えたことも注目すべきである．

コルモゴロフが提案した確率論の（実質上の）公理化の

基礎には**確率空間**の概念がある．確率空間は，
$$(\Omega, \mathcal{F}, \mathsf{P})$$
で表され，ここで $(\Omega, \mathcal{F})$ は（"根元事象"および"事象"の）なんらかの（抽象）可測空間であり，P は集合 $\mathcal{F}$ 上で定義された，条件 $\mathsf{P}(\Omega)=1$ となるように正規化された，非負の可算加法的関数（"確率"）である．

確率変数は $\mathcal{F}$-可測関数 $\xi = \xi(\omega)$ として，（数学的）**期待値**は $\xi(\omega)$ の測度 P によるルベーグ積分として定義される．

新しい概念は，σ-部分集合体 $\mathcal{G} \subseteq \mathcal{F}$ に関する**条件つき期待値** $\mathsf{E}(\xi|\mathcal{G})$ である（これに関連して，『基礎概念』第2版の序文を参照[30]）．

『基礎概念』には，コルモゴロフが**基本的**と呼んで，そこに含まれている主張の重要性を強調した定理（与えられた有限次元分布関数をもつ過程の存在についての定理）がある（『基礎概念』第3章§4）．その要点は次のとおりである．

論文「解析的方法」では，"確率的に規定されるシステム"の発展をマルコフ過程によって記述するために"コルモゴロフ－チャップマン方程式"が導入され，これを満足する関数 $P(s, x; t, A)$ の"微分的"性質を用いてシステムの発展が記述されている．この関数 $P(s, x; t, A)$ を**遷移確率**といい，これは，時刻 t におけるシステムの状態が，状態空間の集合 A に属していて，時刻 s に状態が x である確率と解釈される．

まったく同様に,"独立増分をもつ一様な確率過程"を扱った当時の論文[48]-[51]で行われているどの考察も,時間tの間に過程の増分の大きさが,xであるかまたはそれ以下である確率として,自然に導かれる関数方程式
$P_{s+t}(x) = \int P_s(x-y) dP_t(y)$ を満足する関数 $P_t(x)$ が用いられている.

しかし,形式論理の視点からは,与えられた遷移確率$P(s,x;t,A)$, あるいは与えられた分布 $P_t(x)$ をもつ"過程"と呼べるものが"存在"するか否かが問題になる.

まさに,この問題の解決に関わるのが上でふれた**基本定理**である. この基本定理は,各有限次元**同時分布関数**
$F_{t_1,t_2,\cdots,t_n}(x_1,x_2,\cdots,x_n)(0 \leq t_1 < t_2 < \cdots < t_n, x_i \in R)$ について,確率空間 $(\Omega, \mathcal{F}, \mathrm{P})$ を作り,そして確率変数 $X = (X_t)_{t \geq 0}, X_t = X_t(\omega)$ を
$$\mathrm{P}(X_{t_1} \leq x_1, \cdots, X_{t_n} \leq x_n) = F_{t_1,t_2,\cdots,t_n}$$
となるようにできることを保証する定理である.

Ωとして実数値関数$\omega = (\omega_t)_{t \geq 0}$の空間$R^{[0,\infty)}$をとり,$\mathcal{F}$として筒集合から作られる$\sigma$-集合体をとる. 測度$\mathrm{P}$は筒集合の測度(この集合には与えられた有限分布によって自然な形で測度が構成されている)を,このσ-集合体で作られる最小のσ-集合体に拡張する手続きによって定義される. $\omega = (\omega_t)_{t>0}$であれば, $X_t(\omega) = \omega_t$として,確率変数$X_t(\omega)$を座標的に定義する.("確率過程"の概念は関数空間$R^{[0,\infty)}$における(その)**測度**としばしば同一視されるから,この構成は許される.)

『基礎概念』では，確率論の**応用可能性**についての問題が手短に取り上げられている（第1章§2「現実世界との関連づけ」）．

コルモゴロフは，確率論を"経験的現実世界"に適用する状況の枠組みを記述するのに，多くの点でフォン・ミーゼスに従っている．このことは，確率論の解釈と適用におけるフォン・ミーゼスの頻度論的アプローチが彼と無縁では決してないことを示している．

この状況の概要は次のとおりである．

限りなく繰り返し行うことのできる，何らかの試行があるとする．$(x_1, x_2, \cdots, x_n)$ を，例えば，集合 X に属する値 $x_i (1 \leq i \leq n)$ をもつ n 回の試行結果とし，A を X の我々が関心をもつ部分集合とする．

$x_i \in A$ であれば，i 番目の試行で事象 A が起こったということにする．（"試行は偶然的に，独立に行われる"といった確率的性格についての仮定ア・プリオリには設けていないし，事象 A が起こる"偶然性"についての言及は何もないことに注意．）

つづいて，事象 A について，n 回の試行で事象 A が起こる頻度 $\nu_n(A)$ の n を大きくしたときの値と事実上大きくは違わないと確信できる，ある数値（これを $\mathsf{P}(A)$ と書く）を与えることができると仮定する．

さらに，$\mathsf{P}(A)$ が小さいことは，1回の試行においては事象 A は**事実上起こらない**と**確信できる**としている．コルモゴロフは，『基礎概念』では，現実世界における確率

概念についての哲学的な詳細な探求を行うことは意識的に避けるとして,"確率の経験的概念については,深い哲学的内容には深入りしない"(第1章§2, 20ページの脚注)と述べているが,第1章の初め(18ページ)では,確率論には偶然事象や確率の概念と関係のない適用領域があるとも述べている.

『基礎概念』を出版してから30年の後に,コルモゴロフは確率論の応用の問題を解決するための2つのアプローチを提案して,この問題に立ち戻ることになる[52]-[57]. それらのアプローチの根底にあるのは,それぞれ"近似的偶然性"の概念と"アルゴリズム的複雑さ"の概念とである.

その際,彼は論文[57]で特に強調しているように,"偶然性"への彼のアプローチでは,無限系列 $(x_1, x_2, \cdots)$ を用いるフォン・ミーゼスとチャーチとは違い,現実の状況で我々が実際に関係をもつ,厳格に有限的性格のもの,すなわち,長さが有限の系列 $(x_1, x_2, \cdots, x_N)(N \geqq 1)$ ([58]参照,後に連鎖という)が用いられている.

"近似的偶然性"の概念は次のようにして導入される.

$(x_1, x_2, \cdots, x_N)$ を, $x_i = 0, 1$ であり,長さが $N(n \leqq N)$ である0と1との連鎖とする. 許容アルゴリズムのクラス Φ(有限)に属するあるアルゴリズム $A \in \Phi$ を用いることで, $(x_1, x_2, \cdots, x_N)$ から得られる任意の連鎖 $(x'_1, x'_2, \cdots, x'_m)(n \leqq m \leqq N)$ に対し,数 $p(= \mathsf{P}(\{1\}))$ が存在して,この連鎖に1が出現する頻度 $\nu_m(\{1\}; x')$ と

このpとの差がε以下のとき，この0と1との連鎖を(n,ε)-偶然という．（Φに属する，長さ$n\leqq m$の連鎖をもたらすアルゴリズムについては何も考慮していない．）

コルモゴロフは論文 [52] で，与えられたnと$0<\varepsilon<1$について，許容アルゴリズムの個数が

$$\frac{1}{2}\exp[2n\varepsilon^2(1-\varepsilon)]$$

を越えないならば，各$p(0<p<1)$と任意の$N(\geqq n)$に対して，(n,ε)-偶然連鎖$(x_1, x_2, \cdots, x_N)$が求まることを証明した．

"偶然連鎖"を選別する上述のアプローチには，（フォン・ミーゼスの場合と同様）許容アルゴリズムの記述と選択が不確定であることに由来する任意性がある．このとき明らかなことは，アルゴリズムのこのクラスが極度に大きくはなりえないということである．そうでなければ，"近似的偶然"連鎖の集合が空集合になるであろう．それと同時に，許容アルゴリズムは簡単に（例えば，表で）作られることが望まれる．

確率の理論では，複雑ということは"確率的実現に特有なことは，まったく不規則に，まったく複雑に起こることである"といった言い方のうちにもあり，これは実際に定着している．

したがって，連鎖，系列の"偶然性"をアルゴリズムを用いて定義して，偶然的実現の構造を**確率的に**解釈したものにできるだけ近づけようとするならば，Φに属するア

ルゴリズムは（全体として），"偶然" 連鎖として十分に不規則に作られた連鎖を選び，"確率的に特有ではなく，単純な仕方で作られた"連鎖は選ばないものでなければならない．

これらの考えはコルモゴロフの偶然性へのもうひとつのアプローチに至るものである．そこでは，アルゴリズムの"単純さ"ではなく，連鎖そのものの"複雑さ"に重点が置かれ，これらの連鎖が作られる際の"不規則性"の程度を表示するための，"複雑さ"の数値特性量が"直接的に"導入される．

これらの特性量は，個々の連鎖 x のアルゴリズム A についての，いわゆる"アルゴリズム的複雑さ"（あるいは"コルモゴロフの複雑さ"）$K_A(x)$ であって，わかりやすく言えば，それはアルゴリズム（機械，コンピュータ）A の"出力"として再現できる0と1との"入力"連鎖のうち，もっとも短い連鎖の長さと定義される．

形式的には次のように定義される．

Σ を0と1との連鎖 $x = (x_1, x_2, \cdots, x_n)$ とし，$|x|(=n)$ をその長さとする．さらに，Φ をアルゴリズムのあるクラスとする．

連鎖 $x \in \Sigma$ のアルゴリズム $A \in \Phi$ に関する**複雑さ**とは，数値

$$K_A(x) = \min\{|p| : A(p) = x\}$$

すなわち，"出力"で再現される連鎖 $x(A(p) = x)$ の0と1との"入力"連鎖の長さ $|p|$ の最小値である．

論文 [54] で，コルモゴロフは（アルゴリズムのある重要なクラス Φ について），次の結果を証明した．すなわち，任意の $A \in \Phi$ に対し，次を成立させる定数 $C(A)$ が任意の連鎖 $x \in \Sigma$ について求まるような**普遍的**アルゴリズム $U \in \Phi$ が存在する．

$$K_U(x) \leq K_A(x) + C(A)$$

また，異なる普遍的アルゴリズム U', U'' について，

$$|K_{U'}(x) - K_{U''}(x)| \leq C \quad (x \in \Sigma)$$

となる．ここで，C は $x \in \Sigma$ に依存しない．（コルモゴロフは [54] で，解析的結果をサロマノフも同時に得ていることを述べている．）

このことから（"典型的"連鎖 x については，$K_U(x)$ の値が $|x|$ の増大とともに増大することも考慮して），次の定義が適切なものであると言える．

定義 量 $K(x) \equiv K_U(x)$ を，連鎖 $x \in \Sigma$ のアルゴリズムのクラス Φ に関する**複雑さ**という．ここに，U は Φ のある普遍アルゴリズムである．

量 $K(x)$ は"対象" x の**アルゴリズム的複雑さ**あるいは**コルモゴロフの複雑さ**と呼ばれている．コルモゴロフは，この量を x の**エントロピー**と呼び，この概念は"対象" x の確率分布の値を定めること自体に必要な，情報量の確率的概念よりももっと基本的でさえあるとして，"有限対象" x に含まれる**アルゴリズム的情報量**の測度と考えた．

量 $K(x)$ は"テキスト" x の圧縮度の指標とも解釈でき

る．クラスΦに，要素の簡単な置き換えタイプのアルゴリズムを含めると，連鎖xの複雑さ$K(x)$は，その長さ$|x|$を越えないことは（定数の違いを除いて）明らかである．他方，複雑さがK以下の（0と1の）連鎖xの情報量は，長さがK以下の，0と1からなる部分列の可能な"入力"の個数である$2^K-1(=1+2+\cdots+2^{K-1})$を超えることはないことが簡単な考察でわかる．

さらに，複雑さがその長さ$|x|$に（定数の違いを除いて）等しい連鎖xが存在すること，強度圧縮を許す連鎖は多数個はありえない（複雑さ$n-a$の連鎖の割合は2^{-a}を超えない）ことが，簡単な考察（例えば[66]参照）によって示される．

これらのすべての考察から，自然に次の概念へ到達する．すなわち，アルゴリズム的複雑さ$K(x)$が$|x|$に近い連鎖xを（アルゴリズムのクラスΦに関して）"アルゴリズム的偶然である"という．

言い換えれば，アルゴリズム的アプローチでは，その複雑さが最大である連鎖$x(K(x)\sim|x|)$を"偶然連鎖"という．

コルモゴロフによって導入された複雑さ，アルゴリズム的偶然性の概念は"コルモゴロフの複雑さ"と呼ばれる，大きな流れを作り出した．それは，数学ならびにその応用での実にさまざまな分野で，しばしば用いられている（詳細については，例えば[56]-[69]を参照）．

確率論そのものにおいては，この新しい諸概念は"アル

ゴリズム的偶然"連鎖および系列について,何らかの確率・統計的法則(大数の強法則,繰り返し大数法則のタイプの法則,例えば [65] 参照)が成り立つかどうかを明らかにする一連の研究の出発点となった.まさにこのことによって,確率論の方法とその結果を,コルモゴロフが述べているように(18ページ),"言葉の本来の意味では,偶然とも確率とも関係を"直接にはもたない分野へも応用できるようになった.

参考文献

[1] А. Н. Колмогоров, "Роль русской науки в разбитий теорий вероятностей". В кн.: *Роль русской науки в разбитий мировой науки и культуры*. Т. 1, кн. 1. М.: Изд-во МГУ, 1947, 53-64. (Уч. зап. МГУ. Вып. 91.)

[2] Б. В. Гнеденко, *Курс теорий вероятностей*. Изд. 2-е. М.: Гос. изд. техн.-теор. лит., 1954; Изд. 6-е, перераб. и. доп. М.: Наука, 1988. (邦訳：鳥居一雄訳『確率論教程』森北出版, 1971.)

[3] Л. Е. Майстров, *Теория вероятностей. Исторический очерк*. М.: Наука, 1967.

[4] F. N. David, *Games, Gods and Gambling: the Origins and History of Probability and Statistical Ideas from the Earliest Times to the Newtonian Era*. London: Griffin, 1962. (邦訳：安藤洋美訳『確率論の歴史：遊びから科学へ』海鳴社, 1975.)

[5] P.-S. Laplace, *Essai philosophique sur les probabilités*. Paris, 1814. (邦訳：内井惣七訳『確率の哲学的試論』岩波文庫, 1997.)

[6] I. Todhunter, *A History of the Mathematical Theory of Probability from the Time of Pascal to that of Lagrange*. Cambridge, 1865; New York: Chelsea, 1949. (邦訳：安藤洋美訳『確率論史：パスカルからラプラス

の時代までの数学史の一断面』現代数学社, 1975.)

[7] О теорий вероятностей и математической статистике (переписка А. А. Маркова и А. А. Чупрова). Под ред. Х. О. Ондар. М.: Наука, 1977.

[8] I. Newton, *The Mathematical Works*. Ed. D. T. Whiteside. Vol. 1. New York: Johnson, 1967.

[9] H. Poincaré, "Sur le problème des trois corps et les équations de la dynamique". I, II. *Acta. Math.*, 1890, **13**. 1-270.

[10] H. Poincaré, *Calcul des probabilités*. Paris: G. Carré, 1896.

[11] H. Gyldén, "Quelques remarques relativement à la représentation de nombres irrationnels au moyen des fraction continues". *Comptes Renus Paris*, 1888, **107**, 1584-1587.

[12] T. Brodén, "Wahrscheinlichkeits bestimmungen bei der gewöhnlichen Kettenbruchentwicklung weeller Zahlen". *Akad. Förh. Stockholm*, 1900, **57**, 239-266.

[13] A. Wiman, "Über eine Wahrscheinlichkeitsaufgabe bei Kettenbruchentwicklungen". *Akad. Förh. Stockholm*, 1900, **57**, 829-841.

[14] J. C. Maxwell, *The Scientific Papers of James Clerk Maxwell*. Vol. 1, 2. Cambridge: Cambridge Univ. Press, 1890.

[15] L. Boltzmann, *Wissenschaftliche Abhandlungen*. Vol. 1-3. Leipzig: Barth, 1909.

[16] L. Boltzmann and J. Nabl, "Kinetische Theorie der Materie". In: *Encyklopädie der mathematischen Wis-*

senschaften. Vol. V, Heft 4. Leipzig: Teubner, 1907, 493-557.

[17] J. W. Gibbs, *Elementary Principles in Statistical Mechanics*. Gale Univ. Press, 1902; New York: Dover, 1960.

[18] A. Einstein, "Über die von der molekularkinetischen Theorie der Wärme geforderte Bewegung von in ruhenden Flüssigkeiten suspendierten Teilchen". *Ann. Phys.*, 1905, **17**, 549-560.

[19] M. R. von Smoluchowski, "Zur kinetischen Teorie der Brownschen Molekularbewegung und der Suspentionen". *Ann. Phys.*, 1906, **21**, 756-780.

[20] É. Borel, *Leçons sur la théorie des fonctions*. Paris: Gauthier-Villars, 1898; Éd. 2. Paris: Gauthier-Villars, 1914.

[21] H. Lebesgue, *Leçons sur l'intégration et la recherche des fonctions primitives*. Paris: Gauthier-Villars, 1904.

[22] M. Fréchet, "Sur l'intégral d'une fonctionnelle étendu à un ensemble abstrait". *Bull. Soc. Math. France*, 1915, **43**, 248-265.

[23] T. Hawkins, *Lebesgue's Theory of Integration: Its Origins and Development*. Madison, Wis.-London: Univ. Wisconsin Press, 1970.

[24] É. Borel, "Remarques sur les principes de la théorie des ensembles". In: *Œuvres de Émile Borel*. Vol. 3. Paris: Éditions du CNRS, 1972, 1251-1252.

[25] J. von Plato, *Creating Modern Probability: Its*

Mathematics, Physics and Philosophy in Historical Perspective. Cambridge: Cambridge Univ. Press, 1994.

[26] R. Lämmel, *Untersuchungen über die Ermittlung der Wahrscheinlichkeiten.* Dissertation. Zurich, 1904. ([27] 参照)

[27] *Die Entwicklung der Wahrscheinlichkeitstheorie von den Anfängen bis 1933: Einführungen und Texte.* Ed. I. Schneider. Berlin: Akademie-Verlag, 1989.

[28] U. Broggi, *Die Axiome der Wahrscheinlichkeitsrechnung.* Dissertation. Göttingen, 1907. ([27] 参照)

[29] A. Kolmogorov, *Grundbegriffe der Wahrscheinlichkeitsrechnung.* Berlin: Springer, 1933. Berlin-New York: Springer, 1973.

[30] А. Н. Колмогоров, *Основные понятия теорий вероятностей.* М.-Л.; ОНТИ, 1936; Изд. 2-е. М.: Наука, 1974.

[31] A. N. Kolmogorov, *Foundations of the Theory of Probability.* New York: Chelsea, 1950; Ed. 2. New York: Chelsea, 1956.

[32] С. Н. Бернштейн, "Опыт аксиоматического обоснования теорий вероятностей". *Сообщения Харьковского математического общества*, сер. 2, 1917, **15**, 209-274.

[33] B. de Finetti, "Sulle probabilità numerabili e geometriche". *Rend. Istit. Lombardo Sci. Lettere* (2), 1928, **61**, 817-824.

[34] B. de Finetti, "Probabilismo; saggio critico sulla

teoria delle probabilità e sul valore della scienza".
Napoli: *Logos,* 1931; English: *Erkentnis*, 1989, **31**, 169-223.

[35] B. de Finetti, *Probability, Induction and Statistics*. London-New York-Sydney: Wiley, 1972.

[36] B. de Finetti, *Theory of Probability*. Vol. 1, 2. London-New York-Sydney: Wiley, 1974, 1975; *Teoria delle probabilità: sintesi introduttiva con eppendice critica*. Vol. 1, 2. Torino: Einaudi, 1970.

[37] L. J. Savage, *The Foundations of Statistics*. New York: Wiley; London: Chapman & Hall, 1954.

[38] R. von Mises, "Fundamentalsätze der Wahrscheinlichkeitsrechnung". *Math. Z.*, 1919, **4**, 1-97.

[39] R. von Mises, "Grundlagen der Wahrscheinlichkeitsrechnung". *Math. Z.*, 1919, **5**, 52-99; 1920, 7, 1S.

[40] R. von Mises, *Mathematical Theory of Probability and Statistics*. New York-London: Academic Press, 1964.

[41] A. Wald, "Die Widerspruchsfreiheit des Kollektivbegriffes in der Wahrscheinlichkeitsrechnung". *Erg. Math. Kolloquium*, 1937, **8**, 38-72.

[42] A. Church, "On the concept of a random sequence". *Bull. Amer. Math. Soc.*, 1940, **46**(2), 130-135.

[43] J. A. Ville, *Étude critique de la notion de collectif*. Paris: Gauthier-Villars, 1939.

[44] А. Н. Колмогоров, "Общая теория меры и исчисление вероятностей". В кн: *Коммунистическая академия. Секция естественных и точных наук. Сборник*

работ математического раздела. Т. 1. М., 1929, 8-21.

[45] А. Н. Колмогоров, *Теория вероятностей и математическая статистика*. М.: Наука, 1986.

[46] A. Kolmogorov, "Über die analytischen Methoden in der Wahrscheinlichkeitsrechnung". *Math. Ann.*, 1930/31, **104**, 415-458. ([45] 参照)

[47] П. С. Александров и А. Я. Хинчин, "Андрей Николаевич Колмогоров (к пиатидесятилетию со дня рождения)". *Успехи матем. наук*, 1953, **8**(3), 177-200.

[48] B. de Finetti, "Sulle dunzioni a incremento aleatorio". *Rend. Accad. Lincei* (6), 1929, **10**, 163-168.

[49] B. de Finetti, "Integrazione delle funzioni a incremento aleatorio". *Rend. Accad. Linçei* (6), 1929, **10**, 548-553.

[50] A. Kolmogorov, "Sulla forma generale di un processo stocastico omogeneo. (Un problema di Bruno de Finetti.)" *Atti Accad. Lincei*, 1932, **15**, 805-808. ([45], 117-123 ページ参照)

[51] A. Kolmogorov, "Ancora sulla forma generale di un processo stocastico omogeneo". *Atti Accad. Lincei*, 1932, **15**, 866-869. ([45], 117-123 ページ参照)

[52] A. Kolmogorov, "On tables of random numbers". *Sankhyā* (A), 1963, **25**(4), 369-376. ([53], 204-213 ページ参照)

[53] А. Н. Колмогоров, *Теория информаций и теория алгоритмов*. М.: Наука, 1987.

[54] А. Н. Колмогоров, "Три подхада к определению понятия «количество информаций»". *Пробл. перед. информ.*, 1965, **1**(1), 3-11. ([53], 213-223 ページ参照)

[55] A. Kolmogorov, "Logical basis for information theory and probability theory". *IEEE Trans. Inform. Theory*, 1968, **14**(5), 662-664. ([53], 232-237 ページ参照)

[56] А. Н. Колмогоров, "Комбинаторные основания теорий информаций и исчисления вероятностей". *Успехи матем. наук*, 1983, **38**(4), 27-36.

[57] A. Kolmogorov, "On logical foundations of probability theory". In: *Probability theory and mathematical statistics* (Tbilisi, 1982). Berlin-New York: Springer, 1983, 1-5. (Lecture Notes in Math. 1021.) ([45], 467-470 ページ参照)

[58] А. Н. Колмогоров, "Успеский В. А. Алгорицмы и случаыность". *Теория вероятн. и ее примен.*, 1987, **32**(3), 425-455.

[59] П. Мартин-Лёф, "О пониятий случайной последовательности". *Теория вероятн. и ее примен.*, 1966, **11**(1), 198-200.

[60] P. Martin-Löf, "The definition of random sequences". *Information and Control*, 1966, **9**(6), 602-619.

[61] P. Martin-Löf, "On the notion of randomness". In: *Intuitionism and Proof Theory* (Proc. conf., Buffalo, NJ, 1968). Eds. A. Kino *et al.* Amsterdam: North-Holland, 1970.

[62] P. Martin-Löf, "Complexity oscillations in infinite binary sequences". *Z. Wahrscheinlichkeitstheorie und Verw. Gebiete*, 1971, **19**, 225-230.

[63] А. К. Звонкий и Л. А. Левий, "Сложностьконечных объектов и обоснобание понятий информаций и случайности с помощью теорий алгоритмов". *Успехи матем. наук*, 1970, **25**(6), 85-127.

[64] V. A. Uspenski & A. L. Semenov, "What are the gains of the theory of algorithms: basic developments connected with the concept of algorithm and with its application in mathematics". In: *Algorithms in modern mathematics and computer science* (Urgench, 1979). Berlin-New York: Springer, 1981, 100-234. (*Lecture Notes in Comput. Sci.* 122.)

[65] В. Г. Вовк, "Закон повторного логарифма дя случайных по Колмогорову, или хаотических, последовательностей". *Теория вероятн. и ее примен.*, 1987, **32**(3), 456-468.

[66] П. Витаньи и М. Ли, "Колмогоровская сложность: двадцатьлет спустя". *Успехи матем. наук*, 1988, **43**(6), 129-166.

[67] M. Li & P. M. B. Vitanyi, *An Introduction to Kolmogorov Complexity and Its Applications*. Ed. 2. Berlin-New York: Springer-Verlag, 1977.

[68] T. L. Fine, *Theories of Probability*. New York-London: Acad. Press, 1973.

[69] W. Kirchherr, M. Li and P. Vitanyi, "The miraculous universal distribution". *Math. Intell.*, 1997,

19(4), 7-15.
[70] G. Pólya, "Über den zentralen Grenzwertsatz der Wahrscheinlichkeitsrechnung und das Momentenproblem". *Math. Z.*, 1920, **8**, 171-18.
[71] Я. Бернулли, *О законе больших чисел*. Ч. 4: Искусство предположений. М.: Наука, 1986, 23-59.
[72] G. Bohlmann, "Lebensversicherungsmathematik". In: *Encyklopädie der mathematischen Wissenshaften*. Vol. I, Heft 2. Artikel ID4b. Leipzig: Teubner, 1903.

〔訳者注：日本語の参考文献〕
［Ⅰ］安藤洋美『確率論の黎明』現代数学社，2007.
 "前史"に関する事柄が，多くの写真をつけて解説されている．
［Ⅱ］武隈良一『数学史の周辺』森北出版，1974.
 第11章「パスカルとフェルマとの往復書簡」，第12章「ヤコブス・ベルヌーイの『推論法』」が，"第1期"について参考になる．
［Ⅲ］安藤洋美『確率論の生い立ち』現代数学社，1992.
 対話形式．"第1期"と"第2期"について参考になる．

確率論における解析的方法について

研究の対象

なんらかの物理システムにおいて，ある時刻 t_0 での状態 X_0 がわかるとき，時刻 $t > t_0$ にとりうるこのシステムのすべての状態 X の確率分布がわかるのであれば，この物理過程（システムの変化）は**確率的に規定される**という（この過程を**確率過程**という）．

ここでは，確率過程の最も単純な，時間に関して連続な事例を系統立てて考察する．（これまでは，通常，確率過程は分離した"事象"の離散系列と考えられてきたので，この連続な事例の考察は方法を全く新しくすることになる．）

システムについての異なる可能な状態の集合 $\mathfrak{A}$ が有限であれば，確率過程は通常の線形微分方程式を用いて記述される（第2章）．システムの状態が1個または複数個のパラメータに依存するならば，対応する解析的道具は放物型偏微分方程式となり（第4章），様々な分布関数が得られることになる．中でも，ラプラスの正規分布は自然で無理のない，簡潔なものである．

はじめに

1. 社会現象または自然現象を数学的に扱えるようにするには，これらの現象をまずモデル化[*]しておかなければならない．実際，システムのすべての可能な状態が，例

---

[*]　以下，原書の「スキーム」を「モデル」と訳す．〔訳注〕

えば，いくつかのパラメータの値によって完全に定められるなら，数理解析によってシステムの変化を研究することができる．数学的に決定されたこのシステムは，現実のものそのものではなく，現実を記述するために使われるモデルである．

古典力学が扱うことのできるモデルは，時刻 t におけるシステムの状態 y が，それに先立つ時刻 t_0 での状態 x によって一意的に定められるものだけである．このことは，数学的には，式

$$y = f(x, t_0, t)$$

で記述されることを意味する．

古典力学においてつねに仮定されているように，関数 f が一意的に定まる場合には，このモデルを過程の**純決定論的モデル**という．純決定論的過程の中には，状態 y がただ 1 点の時刻 t における状態 x だけでは完全に決定されず，t に先行する状態 x のパターンに本質的に依存する過程も含まれるが，このような形でシステムの先行状態に依存することを避けるのが通常のやり方である．そのためには，新たなパラメータを導入することで，t におけるシステムの状態の概念がより一般化される[1]．

過程の純決定論的モデルを用いる古典力学から出た次のモデルがしばしば考えられる．それは，時刻 t_0 でのシス

---

1) この方法のよく知られた例は，機械システムの状態を記述する際に，点の座標に加えて，それらの速度成分を導入するというものである．

テムの状態が x であって，後の時刻 $t>t_0$ にとりうる状態が y である確率を与えるモデルである．任意に与えられた $t_0, t\,(t>t_0)$ と x について，状態 y の確率分布が存在するとき，このモデルを過程の**確率論的モデル**という．一般的には，この分布関数は次の形に表される．

$$P(t_0, x, t, \mathfrak{E})$$

ここで，$\mathfrak{E}$ は状態 y の集合を表し，P は時刻 t において，この集合に属する状態 y のどれか1つの状態が起こる確率を表す．ここで，困ったことが1つある．それは一般には，この確率が $\mathfrak{E}$ のすべての状態について定められるとは限らないことである．この難点を避けることのできる確率過程の厳密な定義が，第1章で与えられる．

純決定論的過程の場合と同様に，確率 P が状態 x だけでなく，システムの過去の挙動にも本質的に依存するモデルをここでも考えることができるが，過去の挙動による影響は，純決定論的モデルでと同じ方法で除去することができる．

なんらかの現実の過程を研究するのに，純決定論的モデルか確率論的モデルのいずれを用いるのがよいかは，この現実の過程そのものが決定論的であるか確率論的であるかということには全く関係がないことにも注意しておく．

2. 確率論では普通，システムの状態の変化が，離散系列をなす時刻 $t_1, t_2, \cdots, t_n, \cdots$ だけにしか起こらないモデルだけが考えられている．著者の知る限りでは，確率 P が時間 t とともに連続的に変化するモデルを系統的に研究

したのはバシュリエ[1]だけである．バシュリエが研究した事例については§16で述べ，§20で立ち戻ることにする．ここでは，バシュリエの構成は数学として求められる厳密さには全く応えてはいないことだけを述べておこう．

第2章以降は，時間に関して連続である上述のモデルを主に考察する．数学の視点からは，このモデルには1つの重要な長所がある．すなわち，このモデルによって時間に関する P の微分方程式を導くことができ，通常の理論では漸近的公式しか導けないものに，単純な解析的表現を与えることができることである．応用に関して言えば，まず，新しいモデルを現実の過程に直接応用することができ，次に，§12で述べるように，時間について連続な過程に対する微分方程式の解から，連続モデルについての新しい漸近公式を導くことができる．

3. 本論では確率論の完全な公理系から始めることはしないが，これからの議論の前提とする仮定はすべて述べておく．起こりうる可能な状態 x の集合 $\mathfrak{A}$ については特殊な仮定を一切おかない．数学的には，$\mathfrak{A}$ は任意の要素からなる任意の集合であると考えてよい．集合の族 $\mathcal{F}$ と関数 $P(t_0, x, t, \mathfrak{E})$ に関する仮定はすべて第1章で述べる．以下の理論は純粋に数学的な理論として展開される．

---

1) I. "Théorie de la spéculation", *Ann. École Norm. Supér.* **17** (1900), p. 21; II. "Les probabilités à plusieurs variables", *Ann. École Norm. Supér.* **27** (1900), p. 339; III. *Calcul des probabilités*, Paris, 1912.

目　次

第1章　一般的事項

§1. 確率過程の一般的モデル ………………………… 207
§2. 作用素 $F_1(x, \mathfrak{E}) * F_2(x, \mathfrak{E})$ ………………………… 211
§3. 特殊事例の分類 ………………………… 213
§4. エルゴード原理 ………………………… 216

第2章　有限個の状態をもつシステム

§5. 準備事項，連続モデル ………………………… 221
§6. 連続確率過程の微分方程式 ………………………… 223
§7. 例 ………………………… 229

第3章　可算個の状態をもつシステム

§8. 準備事項，離散モデル ………………………… 231
§9. 時間に関して連続な過程の微分方程式系 ………………………… 235
§10. 時間に関して同次な過程での解の一意性とその計算 ………………………… 237

第4章　連続状態システム：1パラメータの場合

§11. 準備事項，離散モデルから連続モデルへ ………………………… 240
§12. 離散モデルから連続モデルへの移行，リンデベルクによる方法 ………………………… 244

§13.	時間に関して連続な過程の第1微分方程式	251
§14.	第2微分方程式	258
§15.	第2微分方程式の解の一意性と存在についての問題設定	263
§16.	バシュリエの事例	264
§17.	分布関数変換の1つの方法	266
§18.	定常分布関数	270
§19.	その他の可能性	271
§20.	結び	273

第1章 一般的事項

§1. 確率過程の一般的モデル

　状態 $x, y, z, \ldots$ をとり得るシステムを $\mathfrak{S}$ とし，要素 $x, y, z, \ldots$ からなる集合 $\mathfrak{E}$ の族を $\mathcal{F}$ とする．状態 x，集合 $\mathfrak{E}$，時刻 $t_1, t_2 (t_1 < t_2)$ をどのように選んでも，t_1 における状態が x であって，t_2 に $\mathfrak{E}$ のどれか1つの状態が起こる確率 $P(t_1, x, t_2, \mathfrak{E})$ が存在するとき，$\mathfrak{S}$ の変化過程は $\mathcal{F}$ に関して確率的に規定されるという．$P(t_1, x, t_2, \mathfrak{E})$ が $t_2 > t_1 \geqq t_0$ についてだけ規定されているならば，過程は $t \geqq t_0$ について確率的に定められるという．

　族 $\mathcal{F}$ に関しては，第一に，加法的である（すなわち，その要素の有限個あるいは可算個の和だけでなく，すべての差をも含む）とする．第二に，空集合，すべての可能な状態 $x, y, z, \ldots$ の集合 $\mathfrak{A}$，およびすべての単一要素集合も含むとする．集合 $\mathfrak{A}$ が有限または可算であれば，明らかに，$\mathcal{F}$ は $\mathfrak{A}$ のすべての部分集合からなる．最も重要なのは $\mathfrak{A}$ が非可算である場合で，この場合 $\mathcal{F}$ が $\mathfrak{A}$ のすべての部分集合を含むとする仮定は，現時点で知られているどのモデルにおいても前提にされていない．

　当然のこととして

$$P(t_1, x, t_2, \mathfrak{A}) = 1 \tag{1}$$

であるとし,空集合 $\varnothing$ については

$$P(t_1, x, t_2, \varnothing) = 0$$

であるとする.

さらに,$P(t_1, x, t_2, \mathfrak{E})$ は $\mathfrak{E}$ の関数として加法的であると仮定する.すなわち,共通部分をもたない有限個あるいは可算個の部分集合 $\mathfrak{E}_n$ への $\mathfrak{E}$ の任意の分割について,

$$\sum_n P(t_1, x, t_2, \mathfrak{E}_n) = P(t_1, x, t_2, \mathfrak{E}) \tag{2}$$

が成り立つものとする.

$P(t_1, x, t_2, \mathfrak{E})$ に対してこれ以上の仮定をするには,関数 $f(x)$ の族 $\mathcal{F}$ に関する可測性とスティルチェス積分の概念が必要になる.ここでそれらの概念を,都合のよい形で与えておこう[1].

実数 a, b をどのように選んでも,不等式 $a < f(x) < b$ を満たすすべての x の集合 $\mathfrak{E}(a < f(x) < b)$ が族 $\mathcal{F}$ に属するとき,関数 $f(x)$ は $\mathcal{F}$ に関して**可測**であるという.族 $\mathcal{F}$ が加法的であって関数 $f(x)$ が $\mathcal{F}$ に関して可測である場合,$f(x)$ が与えられたボレル可測集合に属するようなすべての x の集合 $\mathfrak{E}$ は $\mathcal{F}$ にも含まれることが容易に証明される.

---

[1] これらの概念や集合の加法系については,例えば,次の論文を参照.M. Fréchet, "Sur l'intégrale d'une fonctionnelle étendu à un ensemble abstrait", *Bull. Soc. Math. France* **43** (1915), p. 248.

$f(x)$ が $\mathcal{F}$ に関して可測で有界であるものとし，$\mathcal{F}$ 上で定義された非負の加法的関数を $\varphi(\mathfrak{E})$ とする．和

$$\sum_m \frac{m}{n} \varphi\left(\frac{m}{n} \leq f(x) < \frac{m+1}{n}\right)$$

は，$n \to \infty$ のとき，一定の極限値に収束する．この極限値を積分といい，

$$\int_{\mathfrak{A}_x} f(x)\varphi(d\mathfrak{A})$$

と表す．

この記法は，積分変数の表し方と括弧内に微分記号があることだけが，通常のものとは違っている．

これからは，状態 x の関数としての $P(t_1, x, t_2, \mathfrak{E})$ は族 $\mathcal{F}$ に関して可測であるとする．最後に，$P(t_1, x, t_2, \mathfrak{E})$ は，任意の t_1, t_2, t_3 $(t_1 < t_2 < t_3)$ について**第 1 基本方程式**

$$P(t_1, x, t_3, \mathfrak{E}) = \int_{\mathfrak{A}_y} P(t_2, y, t_3, \mathfrak{E}) P(t_1, x, t_2, d\mathfrak{A}) \quad (3)$$

を満足しなければならない．$\mathfrak{A}$ が有限または可算個の要素 $x_1, x_2, \cdots, x_n, \cdots$ からなる集合の場合，

$$\int_{\mathfrak{A}_y} P(t_2, y, t_3, \mathfrak{E}) P(t_1, x, t_2, d\mathfrak{A})$$
$$= \sum_n P(t_2, x_n, t_3, \mathfrak{E}) P(t_1, x, t_2, x_n)$$

であり，右辺は全確率の式であって，$P(t_1, x, t_3, \mathfrak{E})$ となる．したがってこの場合，(3) は成立する．$\mathfrak{A}$ が非可算

であれば，(3) を新たな公理として設定する．

上に述べた仮定が満たされるとき，確率過程が完全に定義される．任意の集合 $\mathfrak{A}$ の要素 $x, y, z, \cdots$ がシステムの状態を特徴づけ，上述の仮定を満たす任意の関数 $P(t_1, x, t_2, \mathfrak{E})$ を，対応する確率分布とみなすことができる．

$\mathcal{F}$ 上で定義された非負関数 $F(\mathfrak{E})$ で，加法的であって，さらに条件
$$F(\mathfrak{A}) = 1 \tag{4}$$
を満たす関数を**標準分布関数**[*]と呼ぶことにする．これで，$P(t_1, x, t_2, \mathfrak{E})$ に課すすべての仮定を以下のように述べることができる．すなわち，<u>$P(t_1, x, t_2, \mathfrak{E})$ は，$\mathfrak{E}$ の関数としては標準分布関数であり，x の関数としては系 $\mathcal{F}$ に関して可測であって，積分方程式 (3) を満足する</u>．

次に，時刻 $t = t_0$ でのシステム $\mathfrak{S}$ の状態が $\mathfrak{E}$ に属する確率を与える標準分布関数 $Q(t_0, \mathfrak{E})$ が存在するものとする．$t > t_0$ に対し，分布関数 $Q(t, \mathfrak{E})$ を**第2基本方程式**
$$Q(t, \mathfrak{E}) = \int_{\mathfrak{A}_x} P(t_0, x, t, \mathfrak{E}) Q(t_0, d\mathfrak{A}) \tag{5}$$
を用いて定義する．明らかに
$$Q(t, \mathfrak{A}) = \int_{\mathfrak{A}} Q(t_0, d\mathfrak{A}) = Q(t_0, \mathfrak{A}) = 1 \tag{6}$$

---

[*] 直訳では「分布の正規関数」となるが，別名「ガウス分布」と呼ばれる「正規分布」と区別するために「標準分布関数」とする．〔訳注〕

$$\int_{\mathfrak{A}_x} P(t_1,x,t_2,\mathfrak{E})Q(t_1,d\mathfrak{A})$$
$$= \int_{\mathfrak{A}_x} P(t_1,x,t_2,\mathfrak{E}) \int_{\mathfrak{A}'_y} P(t_0,y,t_1,d\mathfrak{A})Q(t_0,d\mathfrak{A}')$$
$$= \int_{\mathfrak{A}'_y} \int_{\mathfrak{A}_x} P(t_1,x,t_2,\mathfrak{E})P(t_0,y,t_1,d\mathfrak{A})Q(t_0,d\mathfrak{A}')$$
$$= \int_{\mathfrak{A}'_y} P(t_0,y,t_2,\mathfrak{E})Q(t_0,d\mathfrak{A}') = Q(t_2,\mathfrak{E}) \tag{7}$$

である.

式 (5) を関数 $Q(t,\mathfrak{E})$ の定義であるとし，システム $\mathfrak{S}$ への新たな条件とはみなさない．しかし，関係式 (3) は (5) の特殊な場合であることに注意しておく．

§2. 作用素 $F_1(x,\mathfrak{E}) * F_2(x,\mathfrak{E})$

$F_1(x,\mathfrak{E})$ と $F_2(x,\mathfrak{E})$ を x の関数とみなして，$\mathcal{F}$ に関して可測な 2 つの標準分布関数としよう．次のようにおく．

$$F(x,\mathfrak{E}) = F_1(x,\mathfrak{E}) * F_2(x,\mathfrak{E}) = F_1 * F_2(x,\mathfrak{E})$$
$$= \int_{\mathfrak{A}_y} F_2(y,\mathfrak{E})F_1(x,d\mathfrak{A}) \tag{8}$$

容易にわかるように，$F(x,\mathfrak{E})$ は $F_1(x,\mathfrak{E}), F_2(x,\mathfrak{E})$ と同様，可測性と加法性の条件を満たす．また，

$$F(x,\mathfrak{A}) = \int_{\mathfrak{A}'_y} F_2(y,\mathfrak{A})F_1(x,d\mathfrak{A}')$$
$$= \int_{\mathfrak{A}'_y} F_1(x,d\mathfrak{A}') = 1$$

となるから，(4) が成り立つ．したがって，$F(x, \mathfrak{E})$ もまた標準分布関数である．

さらに，作用素 $F_1 * F_2$ は**結合的**である．すなわち
$$F_1 * (F_2 * F_3) = (F_1 * F_2) * F_3 \qquad (9)$$
が成り立つ．このことは，次の簡単な計算から容易にわかる．

$$\begin{aligned}
F_1 * &(F_2 * F_3)(x, \mathfrak{E}) \\
&= \int_{\mathfrak{A}_y} \int_{\mathfrak{A}'_z} F_3(z, \mathfrak{E}) F_2(y, d\mathfrak{A}') F_1(x, d\mathfrak{A}) \\
&= \int_{\mathfrak{A}'_z} F_3(z, \mathfrak{E}) \int_{\mathfrak{A}_y} F_2(y, d\mathfrak{A}') F_1(x, d\mathfrak{A}) \\
&= (F_1 * F_2) * F_3(x, \mathfrak{E})
\end{aligned}$$

これに対して，$F_1 * F_2$ は，一般的に可換ではない．

ここで，**定義関数** $\mu(x, \mathfrak{E})$ を，どんな標準分布関数 $F(x, \mathfrak{E})$ についても次が成立するものとして定義する．
$$\mu * F(x, \mathfrak{E}) = F * \mu(x, \mathfrak{E}) = F(x, \mathfrak{E}) \qquad (10)$$

このためには，x が $\mathfrak{E}$ に属する場合には $\mu(x, \mathfrak{E}) = 1$ とし，属さない場合には $\mu(x, \mathfrak{E}) = 0$ としさえすればよい．こうして，

$$\begin{aligned}
\mu * F(x, \mathfrak{E}) &= \int_{\mathfrak{A}_y} F(y, \mathfrak{E}) \mu(x, d\mathfrak{A}) \\
&= F(x, \mathfrak{E}),
\end{aligned}$$

$$F * \mu(x, \mathfrak{E}) = \int_{\mathfrak{A}_y} \mu(y, \mathfrak{E}) F(x, d\mathfrak{A})$$
$$= \int_{\mathfrak{E}} F(x, d\mathfrak{E})$$
$$= F(x, \mathfrak{E})$$

が得られる．

これまでは，確率 $P(t_1, x, t_2, \mathfrak{E})$ は $t_2 > t_1$ についてだけ定義されていたが，これで，すべての t について

$$P(t, x, t, \mathfrak{E}) = \mu(x, \mathfrak{E}) \tag{11}$$

であることになる．

この新しい定義が基本方程式 (3) と矛盾しないことは，(10) を考慮すればわかる．なぜなら，基本方程式 (3) は

$$P(t_1, x, t_2, \mathfrak{E}) * P(t_2, x, t_3, \mathfrak{E}) = P(t_1, x, t_3, \mathfrak{E}) \tag{12}$$

と表せるからである．

§3. 特殊事例の分類

システム $\mathfrak{S}$ の状態の変化が，離散的系列

$$t_0 < t_1 < t_2 < \cdots < t_n < \cdots \to \infty$$

となる特定の時刻だけに起こるのであれば，不等式

$$t_m \leqq t' < t_{m+1}, \quad t_n \leqq t'' < t_{n+1}$$

を満たすすべての t' と t'' について，明らかに

$$P(t', x, t'', \mathfrak{E}) = P(t_m, x, t_n, \mathfrak{E}) \tag{13}$$

が成り立つ．ここで，

$$P(t_m, x, t_n, \mathfrak{E}) = P_{mn}(x, \mathfrak{E}) \tag{14}$$

$$P_{n-1,n}(x, \mathfrak{E}) = P_n(x, \mathfrak{E}) \tag{15}$$

と表記することにすれば,

$$P_{mn}(x, \mathfrak{E}) = P_{m+1} * P_{m+2} * \cdots * P_n(x, \mathfrak{E}) \tag{16}$$

が得られる.

したがってこの事例では, システム $\mathfrak{S}$ の変化の過程は標準分布関数 $P_n(x, \mathfrak{E})$ によって, 完全に定められる.

次に, $P_1(x, \mathfrak{E}), P_2(x, \mathfrak{E}), \cdots, P_n(x, \mathfrak{E})$ を x の関数として可測な任意の標準分布関数とし, $t_0 < t_1 < \cdots < t_n < \cdots$ をある時刻の系列とする. 式 (16), (14), (13) を用いて $P_{mn}(x, \mathfrak{E})$ と $P(t', x, t'', \mathfrak{E})$ を定義すると, 方程式

$$P_{mn}(x, \mathfrak{E}) * P_{np}(x, \mathfrak{E}) = P_{mp}(x, \mathfrak{E}) \quad (m < n < p) \tag{17}$$

したがって

$$P(t', x, t'', \mathfrak{E}) * P(t'', x, t''', \mathfrak{E}) = P(t', x, t''', \mathfrak{E})$$
$$(t' < t'' < t''')$$

を満足する標準分布関数が得られる.

しかし, この最後の方程式は, 基本方程式 (12) あるいは (13) にほかならない. こうして, x の関数として可測な, 任意の標準分布関数 $P_n(x, \mathfrak{E})$ の列はいずれも, ある確率過程を定めることになる.

確率論では普通, 今述べた離散時間モデルだけが考えられている. すべての分布関数 $P_n(x, \mathfrak{E})$ が同じであって

$$P_n(x, \mathfrak{E}) = P(x, \mathfrak{E}) \tag{18}$$

であれば, **離散時刻の同次モデル**が得られる. この場合に

は (16) に基づき

$$P_{n,n+p}(x, \mathfrak{E}) = \underbrace{P(x, \mathfrak{E}) * P(x, \mathfrak{E}) * \cdots * P(x, \mathfrak{E})}_{p \; 回}$$

$$= [P(x, \mathfrak{E})]_*^p = P^p(x, \mathfrak{E}) \qquad (19)$$

となる.

早くも 1900 年に, バシュリエが連続時間の確率過程モデルの考察を行い, 連続時間モデルが確率論の中心的位置を占めるようになるための基盤が整えられている[1]. ここで最も重要なモデルは, $P(t_1, x, t_2, \mathfrak{E})$ が差 $t_2 - t_1$ だけに依存し, そのため

$$P(t, x, t+\tau, \mathfrak{E}) = P(\tau, x, \mathfrak{E}) \qquad (20)$$

とできる, 時間に関して同次なモデルである. この場合の基本方程式は次の形に書かれる.

$$P(\tau_1, x, \mathfrak{E}) * P(\tau_2, x, \mathfrak{E}) = P(\tau_1 + \tau_2, x, \mathfrak{E}) \qquad (21)$$

状態 x の集合 $\mathfrak{A}$ について特殊な仮定をおくことで, 上に述べたものの他に, 多くの特殊事例が得られる. それらは, 集合 $\mathfrak{A}$ が有限であるか可算であるかによって分けられる. 連続の場合には, システムの状態を特徴づけるパラメータの個数によって分類される. このような特殊事例への分類は, これからの記述の区分にも用いることにする.

---

[1] 204 ページ脚注の文献 I を参照.

§4. エルゴード原理

すべての可能な状態 x の集合 $\mathfrak{A}$ に特殊な仮定をしなくても，いくつかの一般定理，すなわち，エルゴード原理に関する定理だけは証明できる．任意の $t^{(0)}, x, y, \mathfrak{E}$ について，

$$\lim_{t \to \infty} [P(t^{(0)}, x, t, \mathfrak{E}) - P(t^{(0)}, y, t, \mathfrak{E})] = 0 \quad (22a)$$

が成り立つとき，確率過程は**エルゴード原理**に従うという．

離散時間モデルでは，条件 (22a) は明らかに

$$\lim_{n \to \infty} [P_{mn}(x, \mathfrak{E}) - P_{mn}(y, \mathfrak{E})] = 0 \quad (22b)$$

と同値であり，この場合には次が成立する．

定理1 任意の $x, y, \mathfrak{E}$ について
$$P_n(x, \mathfrak{E}) \geq \lambda_n P_n(y, \mathfrak{E}) \quad (\lambda_n \geq 0) \quad (23)$$
であり，級数

$$\sum_{n=1}^{\infty} \lambda_n \quad (24)$$

が発散すれば，エルゴード原理 (22b) が成り立ち，式 (22b) の収束は x, y と $\mathfrak{E}$ とに関して一様である．

証明

$$\sup_x P_{kn}(x, \mathfrak{E}) = M_{kn}(\mathfrak{E}), \quad \inf_x P_{kn}(x, \mathfrak{E}) = m_{kn}(\mathfrak{E})$$

とおくと，$i < k$ のとき，明らかに

$$P_{in}(x, \mathfrak{E}) = \int_{\mathfrak{A}_y} P_{kn}(y, \mathfrak{E}) P_{ik}(x, d\mathfrak{A})$$

$$\leqq M_{kn}(\mathfrak{E}) \int_{\mathfrak{A}_y} P_{ik}(x, d\mathfrak{A}) = M_{kn}(\mathfrak{E}) \quad (25)$$

であり,同様に

$$P_{in}(x, \mathfrak{E}) \geqq m_{kn}(\mathfrak{E}) \qquad (26)$$

である.不等式 (23) により,任意の x, y について次が成り立つ.

$$P_k(x, \mathfrak{E}) - \lambda_k P_k(y, \mathfrak{E}) \geqq 0,$$

$$P_{k-1, n}(x, \mathfrak{E}) = \int_{\mathfrak{A}_z} P_{kn}(z, \mathfrak{E}) P_k(x, d\mathfrak{A})$$

$$= \int_{\mathfrak{A}_z} P_{kn}(z, \mathfrak{E}) \left[P_k(x, d\mathfrak{A}) - \lambda_k P_k(y, d\mathfrak{A}) \right]$$

$$+ \lambda_k \int_{\mathfrak{A}_z} P_{kn}(z, \mathfrak{E}) P_k(y, d\mathfrak{A})$$

$$\geqq m_{kn}(\mathfrak{E}) \int_{\mathfrak{A}_z} \left[P_k(x, d\mathfrak{A}) - \lambda_k P_k(y, d\mathfrak{A}) \right]$$

$$+ \lambda_k P_{k-1, n}(y, \mathfrak{E})$$

$$= m_{kn}(\mathfrak{E})(1 - \lambda_k) + \lambda_k P_{k-1, n}(y, \mathfrak{E}),$$

$$P_{k-1, n}(y, \mathfrak{E}) - P_{k-1, n}(x, \mathfrak{E})$$
$$\leqq (1 - \lambda_k) \left[P_{k-1, n}(y, \mathfrak{E}) - m_{kn}(\mathfrak{E}) \right]$$

したがって,(25) により

$$P_{k-1, n}(y, \mathfrak{E}) - P_{k-1, n}(x, \mathfrak{E})$$
$$\leqq (1 - \lambda_k) \left[M_{kn}(\mathfrak{E}) - m_{kn}(\mathfrak{E}) \right] \quad (27)$$

が得られる．(27) は任意の x, y について成り立つから，

$$M_{k-1,n}(\mathfrak{E}) - m_{k-1,n}(\mathfrak{E}) \leq (1-\lambda_k)[M_{kn}(\mathfrak{E}) - m_{kn}(\mathfrak{E})] \quad (28)$$

となる．

(28) に，逐次 $k = m+1, m+2, \cdots, n$ を代入し，得られたすべての等式を相乗して

$$M_{mn}(\mathfrak{E}) - m_{mn}(\mathfrak{E}) \leq \prod_{k=m+1}^{n}(1-\lambda_k) \quad (29)$$

となる．

(29) 式の右辺は，$n \to \infty$ とする極限移行で，0 に収束する．このことによって，定理が証明される．

離散時間同次モデルの場合には，次の定理が成り立つ．

定理2 任意の $x, y, \mathfrak{E}$ について

$$P(x, \mathfrak{E}) \geq \lambda P(y, \mathfrak{E}) \quad (\lambda > 0) \quad (30)$$

であれば，$P^n(x, \mathfrak{E})$ はある確定した分布関数 $Q(\mathfrak{E})$ に一様収束する．

証明 この場合は

$$M_{n,n+p}(\mathfrak{E}) = \sup P^p(x, \mathfrak{E}) = M_p(\mathfrak{E}),$$
$$m_{n,n+p}(\mathfrak{E}) = \inf P^p(x, \mathfrak{E}) = m_p(\mathfrak{E}),$$
$$\lambda_n = \lambda$$

であり，不等式 (29) から

$$M_p(\mathfrak{E}) - m_p(\mathfrak{E}) \leq (1-\lambda)^p \quad (31)$$

が得られる．ところで，(25) と (26) から，$q > p$ のと

き,
$$P^q(x, \mathfrak{E}) = P_{0q}(x, \mathfrak{E}) \leq M_{q-p,q}(\mathfrak{E}) = M_p(\mathfrak{E}) \quad (32)$$
$$P^q(x, \mathfrak{E}) \geq m_p(\mathfrak{E}) \quad (33)$$
となる.したがって,
$$M_p(\mathfrak{E}) \geq M_q(\mathfrak{E}) \geq m_q(\mathfrak{E}) \geq m_p(\mathfrak{E}) \quad (34)$$
となり,不等式 (31) と (34) とから,ただちに定理が証明される.

定理2の重要な特殊事例をホスティンスキーとアダマール[1] が証明した.アダマールが示したように,これらの特殊事例では $Q(\mathfrak{E})$ は積分方程式
$$Q(\mathfrak{E}) = \int_{\mathfrak{A}_x} P(x, \mathfrak{E}) Q(d\mathfrak{A}) \quad (35)$$
を満足する.

最も一般的な確率論的モデルの場合には次が成立する.

定理3 ある列
$$t_0 < t_1 < \cdots < t_n \cdots \to \infty$$
と $x, y, \mathfrak{E}$ について,
$$P(t_{n-1}, x, t_n, \mathfrak{E}) \geq \lambda_n P(t_{n-1}, y, t_n, \mathfrak{E}) \quad (\lambda_n \geq 0)$$
$$(36)$$
とし,級数 $\sum_{n=1}^{\infty} \lambda_n$ が発散すれば,エルゴード原理 (22a) が成り立ち,式 (22a) の収束は $x, y, \mathfrak{E}$ に関して一様である.

---

[1] *C. R. Acad. Sci. Paris* **186** (1928), p.59; **189**, p.275.

証明 与えられた $t^{(0)}$ について,
$$\sup P(t^{(0)}, x, t, \mathfrak{E}) = M(t, \mathfrak{E}),$$
$$\inf P(t^{(0)}, x, t, \mathfrak{E}) = m(t, \mathfrak{E})$$
とおく. このとき
$$t^{(0)} \leq t_m \leq t_n \leq t \leq t_{n+1}$$
であれば, 定理1の証明と同様, (29) と類似の式
$$M(t, \mathfrak{E}) - m(t, \mathfrak{E}) \leq \prod_{k=m+1}^{n} (1 - \lambda_k)$$
が得られる. n は t とともに限りなく増大するので, 差 $M(t, \mathfrak{E}) - m(t, \mathfrak{E})$ は $t \to \infty$ のとき 0 に収束し, このことから定理が証明される.

最後に, 時間に関して同次の場合には, 定理2と類似の次の定理が成り立つ.

定理4 任意の $x, y, \mathfrak{E}$ について,
$$P(\sigma, x, \mathfrak{E}) \geq \lambda P(\sigma, y, \mathfrak{E}) \quad (\lambda > 0) \tag{37}$$
を満たす σ が存在すれば, $P(\tau, x, \mathfrak{E})$ は $\tau \to \infty$ のとき, ある確定した分布関数 $Q(\mathfrak{E})$ に一様収束する.

第2章 有限個の状態をもつシステム

§5. 準備事項,連続モデル

ここでは,集合 $\mathfrak{A}$ が有限個の要素
$$x_1, x_2, \cdots, x_n$$
から構成されているとする.この場合,
$$P(t_1, x_i, t_2, x_j) = P_{ij}(t_1, t_2) \tag{38}$$
とおくと,任意の集合 $\mathfrak{E}$ について,明らかに
$$P(t_1, x_i, t_2, \mathfrak{E}) = \sum_{x_k \in \mathfrak{E}} P_{ik}(t_1, t_2) \tag{39}$$
であるから,確率 $P_{ij}(t_1, t_2)$ だけを考えればよいことになる.第1基本方程式 (3) は次の形になる.
$$\sum_j P_{ij}(t_1, t_2) P_{jk}(t_2, t_3) = P_{ik}(t_1, t_3) \tag{40}$$
このとき,方程式 (1) は次の式に書き改められる.
$$\sum_j P_{ij}(t_1, t_2) = 1 \tag{41}$$
(40) と (41) を満足する任意の非負関数 $P_{ij}(t_1, t_2)$ によって,システム $\mathfrak{S}$ の状態変化の確率過程が定められる.

この場合の作用素 $*$ は,

$$F_{ik} = F_{ik}^{(1)} * F_{ik}^{(2)} = \sum_j F_{ij}^{(1)} F_{jk}^{(2)} \tag{42}$$

によって定義される．したがって，基本方程式 (40) は

$$P_{ik}(t_1, t_2) * P_{ik}(t_2, t_3) = P_{ik}(t_1, t_3) \tag{43}$$

の形になる．

離散時間モデルでは，

$$P_{pq}(x_i, x_j) = P_{ij}^{(pq)}, \quad P_p(x_i, x_j) = P_{ij}^{(p)}$$

と表すことにすると，確率 $P_{ij}^{(p)}$ は方程式

$$\sum_j P_{ij}^{(p)} = 1 \tag{44}$$

を満足し，逆に，この方程式を満足する任意の非負の値 $P_{ij}^{(p)}$ は，なんらかの確率過程での対応する確率の値とみなせる．このとき，確率 $P_{ij}^{(pq)}$ は式

$$P_{ij}^{(pq)} = P_{ij}^{(p+1)} * P_{ij}^{(p+2)} * \cdots * P_{ij}^{(q)} \tag{45}$$

で計算される．

離散時間の同次モデルの場合には

$$P_{ij}^{(p)} = P_{ij}, \quad P_{ij}^{(pq)} = [P_{ij}]_*^{q-p} = P_{ij}^{q-p}$$

である．すべての P_{ij} の値が正であれば，明らかに，§4 の定理2の条件が満たされ，したがって，P_{ij}^q は $q \to \infty$ のとき，ある極限値 Q_j に収束する．この場合には，積分方程式 (35) は方程式系

$$Q_i = \sum_j Q_j P_{ji} \quad (i = 1, \cdots, n) \tag{46}$$

に書き換えられる．

この結果は，ホスティンスキーとアダマールによって得

られた[1].

§6. 連続確率過程の微分方程式

式 (11) によって,

$$P_{ii}(t,t) = 1, \quad P_{ij}(t,t) = 0 \quad (i \neq j) \tag{47}$$

が得られる．システム $\mathfrak{S}$ の変化が任意の時刻 t に起こり得るのであれば，

$$\left. \begin{array}{l} \lim_{\Delta \to 0} P_{ii}(t,t+\Delta) = 1 \\ \lim_{\Delta \to 0} P_{ij}(t,t+\Delta) = 0 \quad (i \neq j) \end{array} \right\} \tag{47a}$$

とすること，すなわち，時間間隔が短ければ，その間の状態の変化は微小であると仮定するのは自然なことである．この仮定は，$P_{ij}(t_1, t_2)$ が t_1 と t_2 とに関して連続であるとする仮説に含まれる．

次に，関数 $P_{ij}(s,t)$ が連続であって，t と s (ただし $t \neq s$) についての導関数が存在することにする．この関数が $t=s$ で微分可能であることは要求しない．このような特異点で導関数が存在するとア・プリオリに仮定するのは軽率である[2].

$t>s$ について，次が成り立つ．

---

1) 219 ページ脚注の文献を参照.
2) 第 4 章で考察する，点 $t=s$ で必ず不連続点をもつ関数 $F(s,x,t,y)$ と比較せよ.

$$\frac{\partial P_{ik}(s,t)}{\partial t} = \lim_{\Delta \to 0} \frac{P_{ik}(s,t+\Delta) - P_{ik}(s,t)}{\Delta}$$

$$= \lim_{\Delta \to 0} \frac{1}{\Delta}\left[\sum_j P_{ij}(s,t)P_{jk}(t,t+\Delta) - P_{ik}(s,t)\right]$$

$$= \lim_{\Delta \to 0}\left[\sum_{j \neq k} P_{ij}(s,t)\frac{P_{jk}(t,t+\Delta)}{\Delta}\right.$$

$$\left. + P_{ik}(s,t)\frac{P_{kk}(t,t+\Delta)-1}{\Delta}\right] \quad (48)$$

ここで，行列式

$$\Xi = |P_{ij}(s,t)|$$

が0でなければ，方程式系

$$\sum_{j \neq k} P_{ij}(s,t)\frac{P_{jk}(t,t+\Delta)}{\Delta}$$
$$+ P_{ik}(s,t)\frac{P_{kk}(t,t+\Delta)-1}{\Delta} = \alpha_{ik} \quad (i=1,\cdots,n)$$

は解

$$\left.\begin{array}{l}\dfrac{P_{kk}(t,t+\Delta)-1}{\Delta} = \dfrac{\Lambda_{kk}}{\Xi} \\ \dfrac{P_{jk}(t,t+\Delta)}{\Delta} = \dfrac{\Lambda_{jk}}{\Xi} \quad (j \neq k)\end{array}\right\} \quad (49)$$

をもつ．(48) によって，$\Delta \to 0$ のとき，α_{ik} は極限値 $\dfrac{\partial P_{ik}(s,t)}{\partial t}$ に収束する，したがって (49) の値は，極限値

$$\lim_{\Delta \to 0} \frac{P_{kk}(t,t+\Delta)-1}{\Delta} = A_{kk}(t) \quad (50\text{a})$$

$$\lim_{\Delta \to 0} \frac{P_{jk}(t,t+\Delta)}{\Delta} = A_{jk}(t) \quad (j \neq k) \quad (50\text{b})$$

に収束する[1].

$s < t$ を適切に選べば，行列式 Ξ は 0 にはならない．このことは，関係式

$$\lim_{s \to t} \Xi = 1 \tag{51}$$

からわかる．この式 (51) は等式 (47) と Ξ の連続性によって成り立つ．

こうして，(48) と (50) から，関数 $P_{ik}(s,t)$ についての**第 1 微分方程式系**

$$\frac{\partial P_{ik}(s,t)}{\partial t} = \sum_j A_{jk}(t) P_{ij}(s,t) = P_{ik}(s,t) * A_{ik}(t) \tag{52}$$

がただちに得られる．このとき，(47) と (50) から

$$A_{jk}(t) = \left[\frac{\partial P_{jk}(t,u)}{\partial u}\right]_{u=t} \tag{53}$$

$$A_{jk} \geqq 0 \ (j \neq k), \quad A_{kk} \leqq 0 \tag{54}$$

であり，(41) と (50) から

$$\sum_k A_{jk} = 0 \tag{55}$$

となる．

方程式系 (52) は仮定 $s < t$ のもとでだけ導かれたが，

---

1) 逆のアプローチも可能である．つまり，条件 (47a) と (50) を満足するとア・プリオリに仮定し，そこから関数 $P_{ij}(s,t)$ の t についての連続性と微分可能性とを導くこともできる．

式 (47) と (53) とは，これらの方程式が $t=s$ でも成立することを示している．

さらに，$s<t$ について，次が成り立つ．

$$\frac{\partial P_{ik}(s,t)}{\partial s} = \lim_{\Delta \to 0} \frac{P_{ik}(s+\Delta,t) - P_{ik}(s,t)}{\Delta}$$

$$= \lim_{\Delta \to 0} \frac{1}{\Delta}\left[P_{ik}(s+\Delta,t) - \sum_j P_{ij}(s,s+\Delta)P_{jk}(s+\Delta,t)\right]$$

$$= -\lim_{\Delta \to 0}\left[\frac{P_{ii}(s,s+\Delta)-1}{\Delta}P_{ik}(s+\Delta,t) + \sum_{j \neq i}\frac{P_{ij}(s,s+\Delta)}{\Delta}P_{jk}(s+\Delta,t)\right] \quad (56)$$

こうして，(50) によって，**第2微分方程式系**

$$\frac{\partial P_{ik}(s,t)}{\partial s} = -\sum_j A_{ij}(s)P_{jk}(s,t)$$

$$= -A_{ik}(s) * P_{ik}(s,t) \quad (57)$$

が得られる．$A_{ij}(s)$ が連続であれば，方程式系 (57) は，明らかに $s=t$ についても成立する．

ここで，システム $\mathfrak{S}$ が時刻 t_0 で状態 x_k にある確率の分布関数

$$Q(t_0, x_k) = Q_k(t_0), \quad \sum_k Q_k(t_0) = 1$$

が既知であるとする．方程式 (5) はこの場合には，次の

形をとる.

$$Q_k(t) = \sum_i Q_i(t_0) P_{ik}(t_0, t)$$

(52) から,関数 $Q_k(t)$ は微分方程式

$$\frac{dQ_k(t)}{dt} = \sum_j A_{jk}(t) Q_j(t) \quad (k = 1, \cdots, n) \qquad (58)$$

を満足することになる.

関数 $A_{ik}(t)$ が連続であれば,関数 $P_{ik}(s,t)$ は初期条件 (47) を満たす (52) の一意的な解の系となる.したがって,考察の対象とする確率過程はすべての $A_{ik}(t)$ によって,完全に定まる.関数 $A_{ik}(t)$ の現実的意味を,次のように説明できる.すなわち $i \neq k$ のとき, $A_{ik}(t)dt$ は,時刻 t から時刻 $t+dt$ の間に状態 x_i から状態 x_k に遷移する確率であり, $i = k$ のときは

$$A_{kk}(t) = -\sum_{j \neq k} A_{kj}(t)$$

である.また,条件 (54) と (55) を満たす任意の連続関数が与えられたとき,初期条件 (47) での微分方程式系の解 $P_{ik}(s,t)$ は非負で条件 (40), (41) を満たすこと,つまり,ある可能な確率過程が定められることも容易に示される.

実際, (52) と (55) から

$$\frac{\partial}{\partial t} \sum_k P_{ik}(s,t) = \sum_j \left[\sum_k A_{jk}(t) \right] P_{ij}(s,t) = 0 \qquad (59)$$

となり, (47) から

$$\sum_k P_{ik}(t,t) = 1$$

である．したがって，(59) から式 (41) が導かれる．

さらに，$t_1 < t_2$ とし，

$$t_1 \leq t \leq t_2 \text{ のとき } P'_{ik}(t_1,t) = P_{ik}(t_1,t) \quad (60)$$

$$t_2 < t \text{ のとき } P'_{ik}(t_1,t) = \sum_j P_{ij}(t_1,t_2)P_{jk}(t_2,t) \quad (61)$$

とする．関数 $P'_{ik}(t_1,t)$ は連続で微分方程式系 (52) を満足するので，等式 (60) は，$t \leq t_2$ だけに限らず，すべての t について成り立つ．ところが，このとき，式 (61) は $t = t_3$ とおけば，(40) と一致する．

あとは，解 $P_{ik}(t_1,t)$ が非負であることを示せばよい．そのためには，固定した s について，

$$\psi(t) = \min P_{ik}(s,t)$$

と仮定する．i と k とを適切に選べば，明らかに

$$D^+\psi(t) = \frac{\partial P_{ik}(s,t)}{\partial t}, \quad P_{ik}(s,t) = \psi(t)$$

が成り立ち，$\psi(t) \leq 0$ であれば，(54) から

$$A_{kk}(t)P_{ik}(s,t) \geq 0,$$

$$A_{jk}(t)P_{ij}(s,t) \geq A_{jk}(t)\psi(t) \quad (j \neq k),$$

$$D^+\psi(t) = \frac{\partial P_{ik}(s,t)}{\partial t} = \sum_j A_{jk}(t)P_{ij}(s,t)$$

$$\geq \sum_{j \neq k} A_{jk}(t)\psi(t) = R(t)\psi(t)$$

となる．

$\psi(s) = 0$ であるから,$\psi(t)$ は方程式
$$dy/dt = R(t)y$$
のどの負の解よりも大きく,負ではありえないことは明らかである.

§7. 例

時間に関して同次なモデルでは,係数 $A_{ik}(t)$ は t には依存せずに表される.この場合,過程は n^2 個の定数 A_{ik} によって完全に定められる.このとき,方程式系 (52) は次の形になる.

$$\frac{dP_{ik}(t)}{dt} = \sum_j A_{jk} P_{ij}(t) \tag{62}$$

この方程式系を解くことは難しいことではない.すべての A_{ik} の値が 0 でなければ,§4 の定理 4 の条件が満たされ,したがって $P_{ik}(t)$ は $t \to \infty$ のとき,確定した極限 Q_k に収束する.Q_k は方程式系

$$\sum_k Q_k = 1, \quad \sum_j A_{jk} Q_j = 0 \quad (k = 1, \cdots, n)$$

を満足する.例として,次のようにおく.

$$n = 2, \quad A_{12} = A_{21} = A, \quad A_{11} = A_{22} = -A$$

すなわち,状態 x_1 から状態 x_2 への遷移確率が,逆の x_2 から x_1 への遷移確率と等しいとする.この場合の微分方程式系 (62) の解は

$$P_{12}(t) = P_{21}(t) = \frac{1}{2}(1 - e^{-2At}),$$

$$P_{11}(t) = P_{22}(t) = \frac{1}{2}(1 + e^{-2At}),$$

である.P_{ik} は $t \to \infty$ のとき,極限値 $Q_k = \frac{1}{2}$ に収束することがわかる.

次の例は,P_{ik} が時間とともに減衰しながら極限値に近づくことがありうることを示している.

$$n = 3,$$
$$A_{12} = A_{23} = A_{31} = A,$$
$$A_{21} = A_{32} = A_{13} = 0,$$
$$A_{11} = A_{22} = A_{33} = -A\,;$$

$$P_{11}(t) = P_{22}(t) = P_{33}(t)$$
$$= \frac{2}{3} e^{-\frac{3}{2}At} \cos \alpha t + \frac{1}{3},$$

$$P_{12}(t) = P_{23}(t) = P_{31}(t)$$
$$= e^{-\frac{3}{2}At} \left(\frac{1}{\sqrt{3}} \sin \alpha t - \frac{1}{3} \cos \alpha t \right) + \frac{1}{3},$$

$$P_{21}(t) = P_{32}(t) = P_{13}(t)$$
$$= -e^{-\frac{3}{2}At} \left(\frac{1}{\sqrt{3}} \sin \alpha t + \frac{1}{3} \cos \alpha t \right) + \frac{1}{3},$$

$$\alpha = \frac{\sqrt{3}}{2} A$$

離散時間モデルでの同様の減衰振動はロマノフスキーによって見出された.

第3章　可算個の状態をもつシステム

§8. 準備事項，離散モデル

集合 $\mathfrak{A}$ が可算個の要素

$$x_1, x_2, \cdots, x_n, \cdots$$

からなる場合も，前章§5での記法と結果はすべて有効である．ここで，級数

$$\sum_k P_{ik}(t_1, t_2) = 1, \quad \sum_k F_{ik} = 1$$

は収束すると仮定する．このことから，級数 (40), (42), (46) が収束することになる．これらと違い，級数

$$\sum_i P_{ik}(t_1, t_2)$$

が収束することは要求しない．

ここで，離散時間，特に同次であるモデルを導くことについて若干の注意だけを述べておく．状態の集合が可算集合であるモデルでは，エルゴード原理に関する前述の定理の条件は，多くの場合，満たされないが，それでも原理そのものは成立することがしばしばある．

例として，最近ベルンシュテインが研究したゲームを

考えてみる[1]．1回の勝負につき確率 A で1ルーブルを獲得し，確率 B $(B>A, A+B \leqq 1)$ で1ルーブルを支払う．支払いはプレイヤーの所持金額が0でないときだけに行われ，所持金額が0のときには全く支払わない．

プレイヤーの残額が $n-1$ ルーブルである状態を x_n で表せば，ゲームの状況は次のように表される．

$$P_{n,n+1} = A, \quad P_{n+1,n} = B \quad (n=1,2,3,\cdots)$$
$$P_{11} = 1-A, \quad P_{nn} = 1-A-B \quad (n=2,3,4,\cdots)$$
$$P_{ij} = 0 \quad (その他の場合)$$

このとき，

$$\lim_{p\to\infty} P_{ij}^p = \left(1-\frac{A}{B}\right)\left(\frac{A}{B}\right)^{j-1} = Q_j,$$

$$\sum_j Q_j = 1$$

であることは容易に証明される．したがって，この場合にはエルゴード原理が成立することになる．

極限値

$$\lim_{p\to\infty} P_{ij}^p = \Lambda_j$$

が存在することからは，和

$$\sum_j \Lambda_j = \Lambda$$

が1であるときにだけ，エルゴード原理が導かれる．常

---

1) С.Н. Бернштейн, *Теория вероятностей*, с. 133, ГТТИ, 1934.

に $\Lambda \leqq 1$ であって, $\Lambda < 1$ であれば, エルゴード原理は成立しないことが証明される. このことを注意しておく.

すべての Λ_j が存在して, その値が 0 である場合には, $p \to \infty$ のときの P_{ij}^p の漸化式を求めることが問題になる. その漸化式が i に依存しなければ
$$P_{ij}^p = \lambda_j^p + o(\lambda_j^p)$$
となり, このとき**局所エルゴード原理**が成り立つという. この原理は, 可能な状態の集合が可算集合である場合に大きな意義があるはずである.

いま, 可能な状態 x がすべて整数 $(-\infty < n < +\infty)$ で番号付けられるとする. §5 での記号と式は, 総和記号が全整数についての和となることを除いて, すべて成り立つ. そこで,
$$P_{ij} = P_{j-i}$$
の場合をさらに詳しく考察することにする. 明らかに, この場合には
$$P_{ij}^p = P_{j-i}^p,$$
$$P_k^{p+1} = \sum_i P_i^p P_{k-i}, \quad P_k^{m+n} = \sum_i P_i^m P_{k-i}^n$$
でもある. 級数
$$a = \sum_k k P_k, \quad b^2 = \sum_k k^2 P_k$$
が絶対収束すれば, **ラプラスの一般公式**
$$P_k^p = \frac{1}{b\sqrt{2\pi p}} \exp\left[-\frac{(k-pa)^2}{2pb^2}\right] + o\left(\frac{1}{\sqrt{p}}\right) \tag{63}$$

の適用可能性の条件が問題になる.

この式は,
$$P_0 = 1-A, \quad P_1 = A \tag{64}$$
であり, これ以外は $P_k=0$ であるという, ベルヌーイの場合だけに成立することがわかっている. 今の問題に対してリャプノフの定理を使えないことは, 式 (63) が適用できない, 次の例から明らかである.
$$P_{+1} = P_{-1} = \frac{1}{2}, \quad P_k = 0 \quad (k \neq \pm 1)$$
実際, 式 (63) が成り立つためには,
$$k \not\equiv 0 \pmod{m}, \quad P_k \neq 0$$
を満たす k が, どんな整数 m についても存在することが一般に必要である[1].

もうひとつ, k が与えられたときに (63) から P_k^p の漸化式が得られるのは, $a=0$ のときだけであることも述べておく. この場合には, 与えられた
$$P_k^p = \frac{1}{b\sqrt{2\pi p}} + o\left(\frac{1}{\sqrt{p}}\right) \tag{65}$$
と, 与えられた i, j について, (63) から
$$P_{ij}^p = \frac{1}{b\sqrt{2\pi p}} + o\left(\frac{1}{\sqrt{p}}\right) \tag{66}$$
が導かれる.

---

1) この問題の詳細については, R. von Mises, *Wahrscheinlichkeitsrechnung*, Berlin, 1931, とくに "局所的な" 極限定理についての章を参照.

(66) から，考察しているいまの場合のエルゴード原理が得られる．

システムの状態の変化がどの個々の時刻にも起こらない確率 P_{ii} が 1 に非常に近いときには，P_{ij}^p の特殊な近似式を導くことができる．例えば，ベルヌーイの場合には，A の値が小さければポアソンの近似公式

$$P_k^p \sim \frac{A^k p^k}{k!} e^{-Ap} \qquad (67)$$

が使える．

類似の式を導き出す一般的方法が，連続時間過程の微分方程式を用いることによって得られる．このことを，§10 で公式 (67) について示すことになる．

§9. 時間に関して連続な過程の微分方程式系

§6 と同様，関数 $P_{ij}(s,t)$ は連続で，t と s $(t\neq s)$ についての導関数をもつとする．今考えている可能な状態の集合が可算集合であっても，式 (48) と (56) は前と同様に成立する．しかし，これらの式において加法と極限移行の演算の順序を入れ換えることができ，そうすることで方程式系 (52) と (57) とが得られることを証明するためには，新たに，次のことを仮定する必要がある．

(A) 極限値 (50) が存在する．

(B) (50b) は，k が与えられたとき，j について一様に収束する．

(C) 級数

$$\sum_{k\neq j}\frac{P_{jk}(t,t+\Delta)}{\Delta}=\frac{1-P_{jj}(t,t+\Delta)}{\Delta} \tag{68}$$

が Δ について一様に収束する（この級数が収束することは，(41) から直接導かれる）．

§6 において条件 (A) を，状態の個数が有限である場合について，関数 $P_{ij}(s,t)$ の $t\neq s$ での微分可能性から導いた．状態の集合が可算集合の場合には，条件 (A) は，関数 P_{ij} の微分可能性からは導けそうにない．条件 (B) について注意しておくと，(50b) において k が与えられたとき，j についての一様収束性が，自明な不等式

$$P_{jk}(t,t+\Delta) \leqq 1-P_{jj}(t,t+\Delta)$$

から導かれる．さらに，(50b) が任意の j と k について，同様に (50a) が k について，一様に収束することは求めないことも注意しておく．これらの一様収束性を要求することにすると，応用上不便なことになるであろう．

式 (48) の乗数 $P_{ij}(s,t)$ は絶対収束する級数を作るので，条件 (A) と条件 (B) を考慮して，この式で記号 $\lim$ と $\sum$ を入れ換えることができ，そうすることによって微分方程式系 (52) が得られる．このとき，$A_{jk}(t)$ は明らかに最後の条件の式 (68) を満足し，さらに，乗数 $P_{jk}(s+\Delta,t)$ が一様有界であることから，式 (56) で和の記号と極限の記号を入れ換えることができ，このことは微分方程式系 (57) を導くのに十分である．

§10. 時間に関して同次な過程での解の一意性とその計算

この場合には，方程式系 (52) は，次の形になる．

$$\frac{dP_{ik}(t)}{dt} = \sum_j A_{jk} P_{ij}(t) = P_{ik}(t) * A_{ik} \qquad (69)$$

ここで，A_{jk} は定数である．以下のことを証明する．すなわち，級数

$$\left.\begin{aligned}
\sum_j |A_{jk}| &= B_k^{(1)}, \\
\sum_j B_j^{(1)} |A_{jk}| &= B_k^{(2)}, \\
&\cdots\cdots\cdots\cdots\cdots \\
\sum_j B_j^{(n)} |A_{jk}| &= B_k^{(n+1)}, \\
&\cdots\cdots\cdots\cdots\cdots
\end{aligned}\right\} \qquad (70)$$

$$\sum_n \frac{B_k^{(n)}}{n!} x^n \quad (k = 1, 2, \cdots), \quad |x| \leq \theta (> 0) \qquad (71)$$

が収束するものとし，さらに，初期条件

$$P_{ii}(0) = 1, \quad P_{ij}(0) = 0 \quad (i \neq j) \qquad (72)$$

を満たすとして，方程式系 (69) は，問題の条件を満足する唯一の解 $P_{ik}(t)$ をもつことを証明する．

実際，常に $P_{ik}(t) \leq 1$ であるから，(69) と (70) から，不等式

$$\left|\frac{dP_{ik}(t)}{dt}\right| \leq B_k^{(1)}$$

が得られる．したがって，方程式系 (69) を項別に微分

でき，
$$\frac{d^2 P_{ik}(t)}{dt^2} = \sum_j A_{jk} \frac{dP_{ij}(t)}{dt} = \frac{d}{dt} P_{ik}(t) * A_{ik}$$
が得られる．同様に，次の一般式が得られる．

$$\left| \frac{d^n}{dt^n} P_{ik}(t) \right| \leq B_k^{(n)} \tag{73}$$

$$\frac{d^{n+1}}{dt^{n+1}} P_{ik}(t) = \frac{d^n}{dt^n} P_{ik}(t) * A_{ik} \tag{74}$$

式 (73) と級数 (71) が収束する仮定とから，関数 P_{ik} が解析的であることが導かれる．さらに，(69) と (74) によって

$$\frac{d^n}{dt^n} P_{ik}(t) = P_{ik}(t) * [A_{ik}]_*^n \tag{75}$$

となり，特に，$t=0$ では (72) により

$$\frac{d^n}{dt^n} P_{ik}(0) = [A_{ik}]_*^n \tag{76}$$

となる．このことから，解析関数 $P_{ik}(t)$ は定数 A_{ik} によって，一意的に決定される．式 (76) と (75) は方程式系 (69) の解をテイラー級数を用いて計算するのに役立つ．

例えば，
$$A_{i,i+1} = A, \quad A_{ii} = -A$$
$$A_{ij} = 0 \quad (\text{それ以外の場合})$$

であれば，容易に

$$P_{mn}(t) = \frac{(At)^{n-m}}{(n-m)!}e^{-At} \quad (n \geqq m)$$

$$P_{mn}(t) = 0 \quad (m > n)$$

が求まり，**ポアソン分布**の式が得られる．特別な場合として $k=n-m, p=t$ のとき，この式は式 (67) と一致する．

エルゴード原理が成り立ち，$t \to \infty$ のとき $P_{ik}(t)$ が Q_k に収束すれば，定数 Q_k は方程式

$$\sum_k Q_k = 1, \quad \sum_i A_{ik}Q_i = 0 \quad (k=1,2,\cdots) \tag{77}$$

を満足する．例えば，

$$A_{i,i+1} = A, \quad A_{i+1,i} = B \quad (B > A)$$
$$A_{11} = -A, \quad A_{ii} = -(A+B) \quad (i > 1)$$
$$A_{ij} = 0 \quad (その他のすべての場合)$$

であれば，(77) から，容易に

$$Q_n = \left(1 - \frac{A}{B}\right)\left(\frac{A}{B}\right)^{n-1}$$

が求められる．

もう一つの例として，次のようにおく．

$$A_{i,i+1} = A, \quad A_{i+1,i} = iB,$$
$$A_{ii} = -A - (i-1)B,$$
$$A_{ij} = 0 \quad (その他のすべての場合)$$

今度は，方程式 (77) から

$$Q_{n+1} = \frac{1}{n!}\left(\frac{A}{B}\right)^n e^{-A/B}$$

となり，ここでもポアソンの式が得られる．

第4章 連続状態システム：1パラメータの場合

§11. 準備事項，離散モデルから連続モデルへ

ここでは，考察の対象となるシステムの状態が，ある実数のパラメータ x によって定められるものとする．この場合，文字 x はシステムの状態そのものと，その状態に対応するパラメータの値の双方を表すことにする．$x \leq y$ であるすべての状態 x の集合を $\mathfrak{E}_y$ とし，

$$P(t_1, x, t_2, \mathfrak{E}_y) = F(t_1, x, t_2, y)$$

とする．$F(t_1, x, t_2, y)$ は y の関数として，単調かつ右連続であって，さらに，境界条件

$$F(t_1, x, t_2, -\infty) = 0, \quad F(t_1, x, t_2, +\infty) = 1 \quad (78)$$

を満足する．関数 $F(t_1, x, t_2, y)$ に対する第1基本方程式 (3) は，次の形に書き換えられる．

$$F(t_1, x, t_3, z) = \int_{-\infty}^{\infty} F(t_2, y, t_3, z) dF(t_1, x, t_2, y) \quad (79)$$

こうして，ここでもまた，確率変数の積分形式の分布関数と通常のスティルチェス積分を用いることになる．

ルベーグ積分 (79) は，$F(t_2, y, t_3, z)$ が y に関してボ

レル可測であれば，間違いなく存在する[1]．これからは，族 $\mathcal{F}$（§1 参照）はすべてのボレル集合と一致すると仮定する．このことは，x の関数 $F(t_1, x, t_2, y)$ がボレル可測であることを意味する．よく知られているように，このとき加法的関数集合 $P(t_1, x, t_2, \mathfrak{E})$ は，すべてのボレル集合 $\mathfrak{E}$ について，対応する関数 $F(t_1, x, t_2, y)$ によって一意的に定義される．

条件
$$F(-\infty) = 0, \quad F(+\infty) = 1$$
を満たす単調右連続関数 $F(y)$ を**標準分布関数**[*]と呼ぶことにする．$F_1(x, y)$ と $F_2(x, y)$ が x の関数としてはボレル可測であって，y の関数としては標準分布関数であれば，全く同じことが，関数
$$F(x, y) = F_1(x, y) \oplus F_2(x, y)$$
$$= \int_{-\infty}^{\infty} F_2(z, y) dF_1(x, z) \quad (80)$$
についても成り立つ．この作用素 $\oplus$ は，$*$ と同様，結合則に従う．このことにより，基本方程式 (79) を次の形に書ける．
$$F(t_1, x, t_3, y) = F(t_1, x, t_2, y) \oplus F(t_2, x, t_3, y) \quad (81)$$
もし，$F_1(x, y) = V_1(y - x)$, $F_2(x, y) = V_2(y - x)$ であれ

---

[1] H. Lebesgue, *Leçons sur l'intégration et la recherche des fonctions primitives*, Gauthier-Villars, Paris, 1928.

[*] この場合にも (4) と同じ関数記号 F が使われ，用語「標準分布関数」も同じく用いられている．〔訳注〕

ば，簡単な計算によって，

$$\begin{aligned}F_1(x,y) \oplus F_2(x,y) &= V(y-x) \\ &= V_1(y-x) \odot V_2(y-x)\end{aligned} \quad (82)$$

が得られる．ここで

$$V(x) = V_1(x) \odot V_2(x) = \int_{-\infty}^{\infty} V_2(x-z) dV_1(z) \quad (83)$$

である．作用素 $\odot$ についても結合則が成り立ち，標準分布関数の場合には，さらに交換則が成り立つ．つまり，$V_1(x)$ と $V_2(x)$ とを2個の独立な確率変数 X_1 と X_2 の確率分布とすると，$V_1(x) \odot V_2(x)$ は，よく知られているように[1]，和 $X = X_1 + X_2$ の分布関数である．

$F(t_1, x, t_2, y)$ が y の関数として絶対連続であれば，

$$F(t_1, x, t_2, y) = \int_{-\infty}^{y} f(t_1, x, t_2, y) dy \quad (84)$$

が得られる．このとき，非負関数 $f(t_1, x, t_2, y)$ は変数 x, y に関してボレル可測であって，方程式

$$\int_{-\infty}^{\infty} f(t_1, x, t_2, y) dy = 1 \quad (85)$$

$$f(t_1, x, t_3, z) = \int_{-\infty}^{\infty} f(t_1, x, t_2, y) f(t_2, y, t_3, z) dy \quad (86)$$

を満足する．逆に，$f(t_1, x, t_2, y)$ についての条件 (85)，(86) が満たされるならば，(84) で定義された関数 $F(t_1, x, t_2, y)$ は式 (78) と (79) を満たし，したがって，

---

1) P. Lévy, *Calcul des probabilités*, Paris, 1927, p. 187.

この関数 $f(t_1, x, t_2, y)$ は確率過程のモデルを定める．この関数 $f(t_1, x, t_2, y)$ を確率変数 y の**微分分布関数**という．

関数 F と f の関係を示す次の式

$$F(t_1, x, t_3, z) = \int_{-\infty}^{\infty} F(t_2, y, t_3, z) f(t_1, x, t_2, y) dy \tag{87}$$

$$f(t_1, x, t_3, z) = \int_{-\infty}^{\infty} f(t_2, y, t_3, z) dF(t_1, x, t_2, y) \tag{88}$$

が成り立つことも述べておく．

離散時間モデルでは，関数

$$F_{mn}(x, y) = F(t_m, x, t_n, y),$$
$$F_n(x, y) = F_{n-1, n}(x, y)$$

を考える．これらは方程式

$$F_{m, n+1}(x, y) = F_{mn}(x, y) \oplus F_{n+1}(x, y) \tag{89}$$
$$F_{kn}(x, y) = F_{km}(x, y) \oplus F_{mn}(x, y) \quad (k < m < n) \tag{90}$$

を満たす．もし

$$F_{mn}(x, y) = \int_{-\infty}^{y} f_{mn}(x, y) dy,$$
$$f_n(x, y) = f_{n-1, n}(x, y)$$

であれば，

$$f_{m, n+1}(x, z) = \int_{-\infty}^{\infty} f_{mn}(x, y) f_{n+1}(y, z) dy \tag{91}$$

$$f_{kn}(x,z) = \int_{-\infty}^{\infty} f_{km}(x,y)f_{mn}(y,z)dy \quad (k<m<n) \tag{92}$$

が成立する.

§12. 離散モデルから連続モデルへの移行, リンデベルクによる方法

§3 で述べたように, 確率論では離散時間モデルだけを扱うのが普通であった. このモデルで基本的問題となるのは, 差 $n-m$ の値が大きいときの分布 $F_{mn}(x,y)$ の近似式を求めることである. このことは, $n\to\infty$ のときの $F_{mn}(x,y)$ の漸近公式を作ることと本質的には同じである. この方向で達せられた最も重要な結果は, ラプラス - リャプノフの定理である. ここでは, リンデベルクによるこの定理の証明[1]を, より詳細に考察することにする. ここでの目的は, 彼の主要な考えをできるだけ一般的な形で明らかにし, そうすることによって, $F_{mn}(x,y)$ の漸近式を作る一般的方法が得られるようにすることである.

次のようにおく.

$$F_n(x,y) = V_n(y-x),$$
$$a_n(x) = \int_{-\infty}^{\infty}(y-x)dF_n(x,y) = \int_{-\infty}^{\infty}y dV_n(y) = 0,$$

---

[1] *Math. Z.* **15** (1922), p. 211.

$$b_n^2(x) = \int_{-\infty}^{\infty} (y-x)^2 dF_n(x,y) = \int_{-\infty}^{\infty} y^2 dV_n(y) = b_n^2,$$

$$B_{mn}^2 = b_{m+1}^2 + b_{m+2}^2 + \cdots + b_n^2$$

ラプラス-リャプノフの定理によれば,ある追加条件をつけて m を固定し,n を限りなく大きくするとき,x と y に関して一様に成り立つ式

$$F_{mn}(x,y) = \Phi\left(\frac{y-x}{B_{mn}}\right) + o(1)$$

が得られる. ただし

$$\Phi(z) = \frac{1}{\sqrt{2\pi}} \int_{-\infty}^{z} e^{-z^2/2} dz$$

である.

関数 $F_n(x,y)$ で確定される離散時間確率過程と同時に,もう1つ,別の連続時間過程を考える.その過程は,関数

$$\overline{F}(t', x, t'', y) = \Phi\left(\frac{y-x}{\sqrt{t''-t'}}\right)$$

で定められるとする.さらに,つぎのようにおく.

$$t_0 = 0, \quad t_n = B_{0n}^2,$$
$$\overline{F}_{mn}(x,y) = \overline{F}(t_m, x, t_n, y),$$
$$\overline{F}_n(x,y) = \overline{F}_{n-1,n}(x,y)$$

このとき,明らかに,

$$\overline{F}_n(x,y) = \Phi\left(\frac{y-x}{b_n}\right),$$
$$\overline{a}_n(x) = \int_{-\infty}^{\infty} (y-x) d\overline{F}_n(x,y) = 0,$$

$$\bar{b}_n^2(x) = \int_{-\infty}^{\infty} (y-x)^2 d\bar{F}_n(x,y) = b_n^2$$

が得られる.ここで,分布 $\bar{F}_n(x,y)$ の1次モーメント $\bar{a}_n(x)$ と2次モーメント $\bar{b}_n^2(x)$ は,分布 $F_n(x,y)$ の対応するモーメント $a_n(x)$ と $b_n^2(x)$ にそれぞれ一致する.このことからリンデベルクは,$n \to \infty$ のとき,差

$$F_{mn}(x,y) - \bar{F}_{mn}(x,y)$$

が0に収束することを証明し,続いて,自明の等式

$$\bar{F}_{mn}(x,y) = \Phi\left(\frac{y-x}{B_{mn}}\right)$$

からラプラス-リャプノフの定理が直接導かれることを証明した.

関数 $F_n(x,y)$ が任意である一般の場合にも,リンデベルクの方法が使える.それには,ある時刻の系列

$$t_0 < t_1 < t_2 < \cdots < t_n < \cdots$$

について,1次モーメント $a_n(x)$,2次モーメント $b_n^2(x)$ に一致するかそれに近いモーメント $\bar{a}_n(x), \bar{b}_n^2(x)$ をもつ連続確率過程を特徴づける関数 $\bar{F}$ がわかっていさえすればよい.ここでも,このような関数 $\bar{F}$ を構成する一般的方法は,次の節で考える連続過程の微分方程式を用いて得られる.$\bar{F}$ から F への移行には,次の定理が役立つ.

移行定理 関数 $F_n(x,y)$ と関数 $\bar{F}_n(x,y)$ が2つの連続時間過程を定めるものとする.もし

$$\left.\begin{aligned}\int_{-\infty}^{\infty}(y-x)dF_n(x,y) &= a_n(x) \\ \int_{-\infty}^{\infty}(y-x)d\overline{F}_n(x,y) &= \overline{a}_n(x)\end{aligned}\right\} \quad (93)$$

$$\left.\begin{aligned}\int_{-\infty}^{\infty}(y-x)^2 dF_n(x,y) &= b_n^2(x) \\ \int_{-\infty}^{\infty}(y-x)^2 d\overline{F}_n(x,y) &= \overline{b}_n^2(x)\end{aligned}\right\} \quad (94)$$

$$\left.\begin{aligned}\int_{-\infty}^{\infty}|y-x|^3 dF_n(x,y) &= c_n(x) \\ \int_{-\infty}^{\infty}|y-x|^3 d\overline{F}_n(x,y) &= \overline{c}_n(x)\end{aligned}\right\} \quad (95)$$

$$\left.\begin{aligned}|a_n(x)-\overline{a}_n(x)| &\leq p_n \\ |b_n^2(x)-\overline{b}_n^2(x)| &\leq q_n \\ c_n(x) \leq r_n,\quad \overline{c}_n(x) &\leq \overline{r}_n\end{aligned}\right\} \quad (96)$$

であって,

$$\left.\begin{aligned}R(x) &= 0 \quad &(x \leq 0 \text{ のとき}) \\ 0 \leq R(x) &\leq 1 \quad &(0 < x < l \text{ のとき}) \\ R(x) &= 1 \quad &(l \leq x \text{ のとき})\end{aligned}\right\} \quad (97)$$

となる関数 $R(x)$ が存在し,

$$U_{kn}(x,z) = \int_{-\infty}^{\infty} R(z-y)d\overline{F}_{kn}(x,y) \quad (98)$$

について不等式

$$\left.\begin{array}{l}\left|\dfrac{\partial}{\partial x}U_{kn}(x,z)\right| \leqq K_n^{(1)} \\[2mm] \left|\dfrac{\partial^2}{\partial x^2}U_{kn}(x,z)\right| \leqq K_n^{(2)} \quad (k=0,1,\cdots,n) \\[2mm] \left|\dfrac{\partial^3}{\partial x^3}U_{kn}(x,z)\right| \leqq K_n^{(3)}\end{array}\right\} \quad (99)$$

が成り立てば,関係
$$\overline{F}_{0n}(x,y-l)-\varepsilon_n \leqq F_{0n}(x,y) \leqq \overline{F}_{0n}(x,y+l)+\varepsilon_n \tag{100}$$
が成り立つ. ここで
$$\varepsilon_n = K_n^{(1)}\sum_{k=1}^{n}p_k + \frac{1}{2}K_n^{(2)}\sum_{k=1}^{n}q_k + \frac{1}{6}K_n^{(3)}\sum_{k=1}^{n}(r_k+\overline{r}_k)$$
である.

モーメント $a(x), b(x), c(x)$ が, x が増加するときに非有界となる場合にこの定理を適用する際, 適切に選んだ新しい変数 $x'=\varphi(x)$ を導入することでこの非有界性を取り除くことができる場合がしばしばある.

移行定理の証明 式 (98) に基づいて,
$$\begin{aligned}U_{k-1,n}(x,y) &= \overline{F}_{k-1,n}(x,y) \oplus R(y-x) \\ &= \overline{F}_k(x,y) \oplus \overline{F}_{k+1}(x,y) \oplus \cdots \\ &\qquad \oplus \overline{F}_n(x,y) \oplus R(y-x) \\ &= \overline{F}_k(x,y) \oplus U_{kn}(x,y)\end{aligned} \tag{101}$$
が得られる. (93)-(95), (99) を考慮して,

$$U_{k-1,n}(x,y) = \int_{-\infty}^{\infty} U_{kn}(z,y) d\overline{F}_k(x,z)$$

$$= \int_{-\infty}^{\infty} \left[U_{kn}(x,y) + \frac{\partial}{\partial x} U_{kn}(x,y) \frac{z-x}{1} \right.$$
$$+ \frac{\partial^2}{\partial x^2} U_{kn}(x,y) \frac{(z-x)^2}{2}$$
$$\left. + \frac{\partial^3}{\partial x^3} U_{kn}(\xi,y) \frac{(z-x)^3}{6} \right] d\overline{F}_k(x,z)$$

$$= U_{kn}(x,y) + \frac{\partial}{\partial x} U_{kn}(x,y) \overline{a}_k(x)$$
$$+ \frac{\partial^2}{\partial x^2} U_{kn}(x,y) \frac{\overline{b}_k^2(x)}{2} + \overline{\theta} K_n^{(3)} \frac{\overline{c}_k(x)}{6} \quad (|\overline{\theta}| \leq 1) \tag{102}$$

となる.

$$V_{k-1,n}(x,y) = F_k(x,y) \oplus U_{kn}(x,y) \tag{103}$$

を仮定して, (102) と類似の式

$$V_{k-1,n}(x,y) = U_{kn}(x,y) + \frac{\partial}{\partial x} U_{kn}(x,y) a_k(x)$$
$$+ \frac{\partial^2}{\partial x^2} U_{kn}(x,y) \frac{b_k^2(x)}{2}$$
$$+ \theta K_n^{(3)} \frac{c_k(x)}{6} \quad (|\theta| \leq 1) \tag{104}$$

が得られる. そして (96) と (99) に基づいて, (102) と (104) から

$$|U_{k-1,n}(x,y) - V_{k-1,n}(x,y)|$$
$$\leq K_n^{(1)} p_k + \frac{1}{2} K_n^{(2)} q_k + \frac{1}{6} K_n^{(3)} (r_k + \overline{r}_k) \tag{105}$$

が得られる．

次に
$$\begin{aligned}
W_{kn}(x,y) &= F_{0k}(x,y) \oplus U_{kn}(x,y) \\
&= F_1(x,y) \oplus F_2(x,y) \oplus \cdots \\
&\qquad \oplus F_k(x,y) \oplus U_{kn}(x,y) \\
&= F_{0,k-1}(x,y) \oplus V_{k-1,n}(x,y) \qquad (106)
\end{aligned}$$

とおくと，不等式（105）から，次の式が得られる．

$$\begin{aligned}
&|W_{kn}(x,y) - W_{k-1,n}(x,y)| \\
&= |F_{0,k-1}(x,y) \oplus V_{k-1,n}(x,y) \\
&\qquad - F_{0,k-1}(x,y) \oplus U_{k-1,n}(x,y)| \\
&\leq \int_{-\infty}^{\infty} |V_{k-1,n}(z,y) - U_{k-1,n}(z,y)| dF_{0,k-1}(x,z) \\
&\leq \sup |V_{k-1,n}(z,y) - U_{k-1,n}(z,y)| \\
&\leq K_n^{(1)} p_k + \frac{1}{2} K_n^{(2)} q_k + \frac{1}{6} K_n^{(3)} (r_k + \bar{r}_k)
\end{aligned}$$

$$\begin{aligned}
&|W_{nn}(x,y) - W_{0n}(x,y)| \\
&\leq K_n^{(1)} \sum_{k=1}^{n} p_k + \frac{1}{2} K_n^{(2)} \sum_{k=1}^{n} q_k + \frac{1}{6} K_n^{(3)} \sum_{k=1}^{n} (r_k + \bar{r}_k) \\
&= \varepsilon_n \qquad (107)
\end{aligned}$$

ところで
$$\begin{aligned}
W_{nn}(x,y) &= F_{0n}(x,y) \oplus R(y-x) \\
&= \int_{-\infty}^{\infty} R(y-z) dF_{0n}(x,z)
\end{aligned}$$

であり

$$W_{0n}(x,y) = \overline{F}_{0n}(x,y) \oplus R(y-x)$$
$$= \int_{-\infty}^{\infty} R(y-z) d\overline{F}_{0n}(x,z)$$

であって, 式 (97) を考慮して,

$$\left.\begin{array}{l} W_{nn}(x,y) \leqq \displaystyle\int_{-\infty}^{y} dF_{0n}(x,z) = F_{0n}(x,y) \\[2mm] W_{nn}(x,y+l) \geqq \displaystyle\int_{-\infty}^{y} dF_{0n}(x,z) = F_{0n}(x,y) \\[2mm] W_{0n}(x,y) \geqq \displaystyle\int_{-\infty}^{y-l} d\overline{F}_{0n}(x,z) = \overline{F}_{0n}(x,y-l) \\[2mm] W_{0n}(x,y+l) \geqq \displaystyle\int_{-\infty}^{y+l} d\overline{F}_{0n}(x,z) = \overline{F}_{0n}(x,y+l) \end{array}\right\} \quad (108)$$

が得られる. (107) と (108) から, 直接式 (100) が導かれる. 詳細な証明については, 先に述べたリンデベルクの論文を参照されるとよい.

§13. 連続時間過程についての第 1 微分方程式

考察するシステム $\mathfrak{S}$ の状態の変化がどの時刻 t にも起こりうる場合には, わずかな時間にパラメータ x が大きく変化することはきわめて稀である, すなわちもっと正確には, 任意の小さな ε について,

$$P(t,x,t+\Delta,|y-x|>\varepsilon) \to 0 \quad (\Delta \to 0) \qquad (109)$$

であると無理なく仮定できる. 多くの場合に, これより強い条件

$$m^{(p)}(t,x,\Delta)$$

$$=\int_{-\infty}^{\infty}|y-x|^p dF(t,x,t+\Delta,y)\to 0 \quad (\Delta\to 0) \quad (110)$$

が,少なくとも最初の3つのモーメント $m^{(1)},m^{(2)},m^{(3)}$ について成立すると仮定できる.これらの前提のもとで起こりうることを一般的な形で研究することは,極めて興味深いものである.このことについては,若干の注意を後の§19で述べる.

次の節では,重要な条件

$$\frac{m^{(3)}(t,x,\Delta)}{m^{(2)}(t,x,\Delta)}\to 0 \quad (\Delta\to 0) \quad (111)$$

も仮定する.式 (110) から得られる $m^{(3)}(t,x,\Delta)$ の定義において,無限小の Δ に対して,差 $y-x$ の無限小の値だけが本質的な役割をもつとき,より正確には,

$$\frac{\int_{x-\varepsilon}^{x+\varepsilon}|y-x|^3 dF(t,x,t+\Delta,y)}{\int_{-\infty}^{\infty}|y-x|^3 dF(t,x,t+\Delta,y)}\to 1 \quad (\Delta\to 0) \quad (112)$$

であるとき,条件 (111) は確かに満たされる.

厳密にいえば,いまの確率過程が時間に関して連続であるのは,この場合だけである.(111) から,式

$$\frac{m^{(2)}(t,x,\Delta)}{m^{(1)}(t,x,\Delta)}\to 0 \quad (\Delta\to 0)$$

も導かれる.

最後に,もうひとつ仮定する.すなわち,$s\neq t$ のとき,

関数 $F(s,x,t,y)$ の 4 階までの導関数が存在し,それらの導関数は $t-s>k>0$ である s と x に関して,一様有界であると仮定する.逆に式 (78) と (110) とから,$s=t$ では,関数 $F(s,x,t,y)$ は不連続でなければならないと結論できる.関数

$$f(s,x,t,y) = \frac{\partial}{\partial y}F(s,x,t,y) \tag{113}$$

は,明らかに方程式 (84)-(86) を満足し,t と y が与えられたとき,$t-s>k>0$ である s と x に関して,一様有界な 3 階までの導関数をもつ.これからの計算はすべて,この微分分布関数[*] $f(s,x,t,y)$ について行う.

次のようにおく.

$$a(t,x,\Delta) = \int_{-\infty}^{\infty}(y-x)f(t,x,t+\Delta,y)dy \tag{114}$$

$$b^2(t,x,\Delta) = \int_{-\infty}^{\infty}(y-x)^2 f(t,x,t+\Delta,y)dy$$
$$= m^{(2)}(t,x,\Delta) \tag{115}$$

$$c(t,x,\Delta) = \int_{-\infty}^{\infty}|y-x|^3 f(t,x,t+\Delta,y)dy$$
$$= m^{(3)}(t,x,\Delta) \tag{116}$$

(85) と (86) に基づいて,

---

[*] 一般には「確率密度関数」という.〔訳注〕

$$f(s,x,t,y) = \int_{-\infty}^{\infty} f(s,x,s+\Delta,z) f(s+\Delta,z,t,y) dz$$

$$= \int_{-\infty}^{\infty} f(s,x,s+\Delta,z) \Big[f(s+\Delta,x,t,y)$$

$$+ \frac{\partial}{\partial x} f(s+\Delta,x,t,y)(z-x)$$

$$+ \frac{\partial^2}{\partial x^2} f(s+\Delta,x,t,y) \frac{(z-x)^2}{2}$$

$$+ \frac{\partial^3}{\partial \xi^3} f(s+\Delta,\xi,t,y) \frac{(z-x)^3}{6} \Big] dz$$

$$= f(s+\Delta,x,t,y) + \frac{\partial}{\partial x} f(s+\Delta,x,t,y) a(s,x,\Delta)$$

$$+ \frac{\partial^2}{\partial x^2} f(s+\Delta,x,t,y) \frac{b^2(s,x,\Delta)}{2}$$

$$+ \theta \frac{c(s,x,\Delta)}{6} \quad (|\theta| < C) \quad (117)$$

が得られる. $s+\Delta < \tau < t$ のとき,C は Δ とは無関係に選ぶことができる.(117) から,

$$\frac{f(s+\Delta,x,t,y) - f(s,x,t,y)}{\Delta}$$

$$= -\frac{\partial}{\partial x} f(s+\Delta,x,t,y) \frac{a(s,x,\Delta)}{\Delta}$$

$$- \frac{\partial^2}{\partial x^2} f(s+\Delta,x,t,y) \frac{b^2(s,x,\Delta)}{2\Delta} - \theta \frac{c(s,x,\Delta)}{6\Delta}$$
$$(118)$$

がただちに導かれる.

次に,行列式

$$D(s,x,t',y',t'',y'')$$
$$= \begin{vmatrix} \dfrac{\partial}{\partial x}f(s,x,t',y') & \dfrac{\partial}{\partial x}f(s,x,t'',y'') \\ \dfrac{\partial^2}{\partial x^2}f(s,x,t',y') & \dfrac{\partial^2}{\partial x^2}f(s,x,t'',y'') \end{vmatrix} \quad (119)$$

は，s, x が与えられているとき，どの t', y', t'', y'' についても恒等的に 0 になることがなければ，比

$$\frac{a(s,x,\Delta)}{\Delta},\ \frac{b^2(s,x,\Delta)}{2\Delta}$$

は $\Delta \to 0$ のとき，確定した極限値 $A(s,x)$ と $B^2(s,x)$ に収束することを証明しよう．

実際，t', y', t'', y'' が，行列式 (119) が 0 とならないように選ばれているとする．この場合には，任意の小さな Δ に対して，

$$D(s+\Delta, x, t', y', t'', y'') \neq 0$$

も成り立つ．したがって方程式

$$\left. \begin{aligned} &\lambda(\Delta)\frac{\partial}{\partial x}f(s+\Delta, x, t', y') \\ &\quad + \mu(\Delta)\frac{\partial}{\partial x}f(s+\Delta, x, t'', y'') = 0, \\ &\lambda(\Delta)\frac{\partial^2}{\partial x^2}f(s+\Delta, x, t', y') \\ &\quad + \mu(\Delta)\frac{\partial^2}{\partial x^2}f(s+\Delta, x, t'', y'') = 1 \end{aligned} \right\} \quad (120)$$

は，唯一つの解をもつ．このとき，$\lambda(\Delta)$ と $\mu(\Delta)$ は，$\Delta \to 0$ のとき，極限値 $\lambda(0)$ と $\mu(0)$ に収束する．さらに，(118) から

$$\lambda(\Delta)\frac{f(s+\Delta,x,t',y')-f(s,x,t',y')}{\Delta}$$
$$+\mu(\Delta)\frac{f(s+\Delta,x,t'',y'')-f(s,x,t'',y'')}{\Delta}$$
$$=-\frac{b^2(s,x,\Delta)}{2\Delta}-(\theta'+\theta'')\frac{c(s,x,\Delta)}{6\Delta} \quad (121)$$

が得られる. 式 (121) の左辺は, $\Delta \to 0$ のとき, 極限値

$$\Omega = \lambda(0)\frac{\partial}{\partial s}f(s,x,t',y')+\mu(0)\frac{\partial}{\partial s}f(s,x,t'',y'')$$

に収束する. 右辺については, 条件 (111) により第2項は第1項に比べて無限小であるから, 第1項は確定した極限値

$$B^2(s,x) = \lim_{\Delta \to 0}\frac{b^2(s,x,\Delta)}{2\Delta} = -\Omega \quad (122)$$

に収束する. (122) と (111) から, ただちに

$$\frac{c(s,x,\Delta)}{\Delta} \to 0 \quad (\Delta \to 0) \quad (123)$$

となる.

式 (122) と (123) から, 式 (118) は $\Delta=0$ のとき,

$$\lim_{\Delta \to 0}\left[\frac{\partial}{\partial x}f(s,x,t,y)\frac{a(s,x,\Delta)}{\Delta}\right]$$
$$=-\frac{\partial}{\partial s}f(s,x,t,y)-\frac{\partial^2}{\partial x^2}f(s,x,t,y)B^2(s,x)$$

となる. $\dfrac{\partial f(s,x,t,y)}{\partial x}$ は任意の t と y ついて, 恒等的に 0 になることはないので, 極限値

$$A(s,x) = \lim_{\Delta \to 0} \frac{a(s,x,\Delta)}{\Delta}$$
$$= \frac{-\dfrac{\partial f(s,x,t,y)}{\partial s} - B^2(s,x)\dfrac{\partial^2 f(s,x,t,y)}{\partial x^2}}{\dfrac{\partial f(s,x,t,y)}{\partial x}} \quad (124)$$

も存在する.

(118), (122)-(124) で極限移行を行うことによって,
第 1 基本微分方程式

$$\frac{\partial}{\partial s}f(s,x,t,y) = -A(s,x)\frac{\partial}{\partial x}f(s,x,t,y)$$
$$- B^2(s,x)\frac{\partial^2}{\partial x^2}f(s,x,t,y) \quad (125)$$

が得られる.

行列式 $D(s,x,t',y',t'',y'')$ が任意の t',y',t'',y'' について 0 になるときには, 極限値 $A(s,x)$ と $B^2(s,x)$ は, 一般的には存在しない. このことは, 次の例からわかる.

$$f(s,x,t,y) = \frac{3y^2}{2\sqrt{\pi(t-s)}} e^{-(y^3-x^3)^2/4(t-s)} \quad (126)$$

この例では $x=0$ のとき,

$$\frac{b^2(s,x,\Delta)}{2\Delta} \to +\infty \quad (\Delta \to 0)$$

となる. しかし, 特異点 (s,x) が (s,x)-平面に稠密な集合を作ることはないことを証明することはできる.

非常に重要な変量 $A(s,x), B(s,x)$ の現実的意味は,

$A(s,x)$ は無限小時間区間でのパラメータ x の平均の変化速度であり,$B(s,x)$ は過程の微分分散であることである.時間区間 Δ での差 $y-x$ の分散は
$$b(s,x,\Delta) = B(s,x)\sqrt{2\Delta}+o(\sqrt{\Delta}) = O(\sqrt{\Delta}) \quad (127)$$
であり,この差の期待値は
$$a(s,x,\Delta) = A(s,x)\Delta+o(\Delta) = O(\Delta) \quad (128)$$
である.変量 $|y-x|$ の期待値 $m^{(1)}(t,x,\Delta)$ は,分散 $b(s,x,\Delta)$ と同様,$\sqrt{\Delta}$ のオーダーの値であることも注目すべきである.

次の節で示すように,ある場合には,関数 $A(s,x)$ と $B(s,x)$ は,いま扱っている確率モデルを一意的に定める.

§14. 第2微分方程式

関数 $f(s,x,t,y)$ について前節で設定した条件は,この節でもそのまま同じであるとし,さらに,この節では $f(s,x,t,y)$ が4階までの連続な偏導関数をもつと仮定する.このとき,(120) から,行列式 (119) が 0 でなければ $\lambda(0)$ と $\mu(0)$ は s と x に関する2階までの連続な偏導関数をもつことが容易に導かれる.$B^2(s,x)$ と $A(s,x)$ についても,(122) と (124) から同じことが言える.

ここで,t の確定した値に対し,区間 $a \leq y \leq b$ が与えられていて,その中のどの1点においても,任意の u', z', u'', z'' について,行列式 $D(t,y,u',z',u'',z'')$ が恒等的には 0 になることはないとする.さらに,$R(y)$ を区

間 $a<y<b$ 上でだけ 0 でない非負の関数とし，4 階までの有界な偏導関数をもつとする．この場合には，次を得る．

$$\int_a^b \frac{\partial}{\partial t} f(s,x,t,y) R(y) dy = \frac{\partial}{\partial t} \int_a^b f(s,x,t,y) R(y) dy$$
$$= \lim_{\Delta \to 0} \frac{1}{\Delta} \int_{-\infty}^{+\infty} [f(s,x,t+\Delta,y) - f(s,x,t,y)] R(y) dy$$
$$= \lim_{\Delta \to 0} \frac{1}{\Delta} \left\{ \int_{-\infty}^{+\infty} R(y) \int_{-\infty}^{+\infty} f(s,x,t,z) \right.$$
$$\left. \times f(t,z,t+\Delta,y) dz dy - \int_{-\infty}^{+\infty} f(s,x,t,y) R(y) dy \right\}$$
$$= \lim_{\Delta \to 0} \frac{1}{\Delta} \left\{ \int_{-\infty}^{+\infty} f(s,x,t,z) \int_{-\infty}^{+\infty} f(t,z,t+\Delta,y) \right.$$
$$\times \left[R(z) + R'(z)(y-z) + R''(z) \frac{(y-z)^2}{2} \right.$$
$$\left. + R'''(\xi) \frac{(y-z)^3}{6} \right] dy dz - \int_{-\infty}^{+\infty} f(s,x,t,z) R(z) dz \right\}$$
$$= \lim_{\Delta \to 0} \frac{1}{\Delta} \int_{-\infty}^{+\infty} f(s,x,t,z)$$
$$\times \left[R'(z) a(t,z,\Delta) + R''(z) \frac{b^2(t,z,\Delta)}{2} + \theta \frac{c(t,z,\Delta)}{6} \right] dz$$
$$= \int_{-\infty}^{+\infty} f(s,x,t,z) \left[R'(z) A(t,z) + R''(z) B^2(t,z) \right] dz$$
$$= \int_a^b f(s,x,t,y) \left[R'(y) A(t,y) + R''(y) B^2(t,y) \right] dy$$
$$(|\theta| \leqq \sup |R'''(\xi)|) \quad (129)$$

these の式を導く際に Δ についての極限移行が許されるのは, $\dfrac{a(t,z,\Delta)}{\Delta}, \dfrac{b^2(t,z,\Delta)}{2\Delta}, \dfrac{c(t,z,\Delta)}{\Delta}$ がそれぞれ $A(t,z), B^2(t,z), 0$ に収束し, 乗数 $f(s,x,t,z)$ の z についての積分が有限だからである.

部分積分によって

$$\int_a^b f(s,x,t,y)R'(y)A(t,y)dy$$
$$= -\int_a^b \frac{\partial}{\partial y}[f(s,x,t,y)A(t,y)]R(y)dy \quad (130)$$

が得られる. まったく同様に, 部分積分を2回行うと, $R(a)=R(b)=R'(a)=R'(b)=0$ であることから

$$\int_a^b f(s,x,t,y)R''(y)B^2(t,y)dy$$
$$= \int_a^b \frac{\partial^2}{\partial y^2}[f(s,x,t,y)B^2(t,y)]R(y)dy \quad (131)$$

が得られる. 式 (129)-(131) から, 等式

$$\int_a^b \frac{\partial}{\partial t}f(s,x,t,y)R(y)dy$$
$$= \int_a^b \Big\{-\frac{\partial}{\partial y}[A(t,y)f(s,x,t,y)]$$
$$\quad + \frac{\partial^2}{\partial y^2}[B^2(t,y)f(s,x,t,y)]\Big\}R(y)dy \quad (132)$$

がただちに導かれる. ところが関数 $R(y)$ は, 上で述べた条件を満たしさえすれば任意に選ぶことができるから, 行列式 $D(t,y,u',z',u'',z'')$ が恒等的に 0 になることが起

こらないような点 (t,y) について，**第2基本微分方程式**

$$\frac{\partial}{\partial t}f(s,x,t,y) = -\frac{\partial}{\partial y}[A(t,y)f(s,x,t,y)] \\ + \frac{\partial^2}{\partial y^2}[B^2(t,y)f(s,x,t,y)] \quad (133)$$

が成り立つ．

この第2方程式を導くには，第1方程式を使わないで，§13の方法を直接使うこともできるが，そのときには，関数 $f(s,x,t,y)$ に，もっと厳しい制約を新たに課さなければならない（ここでは詳細は省く）．その場合には，(118) に類似の次の式から，始めることになる．

$$\frac{1}{\Delta}[f(s,x,t,y)-f(s,x,t-\Delta,y)]$$
$$= f(s,x,t-\Delta,y)\frac{1}{\Delta}\left[\int_{-\infty}^{+\infty}f(t-\Delta,z,t,y)dz - 1\right]$$
$$+ \frac{\partial}{\partial y}f(s,x,t-\Delta,y)\frac{1}{\Delta}\int_{-\infty}^{+\infty}f(t-\Delta,z,t,y)(z-y)dz$$
$$+ \frac{\partial^2}{\partial y^2}f(s,x,t-\Delta,y)\frac{1}{2\Delta}\int_{-\infty}^{+\infty}f(t-\Delta,z,t,y)(z-y)^2 dz$$
$$+ \frac{\theta}{6\Delta}\int_{-\infty}^{+\infty}f(t-\Delta,z,t,y)|z-y|^3 dz \quad (134)$$

続いて，

$$\lim_{\Delta \to 0}\frac{1}{\Delta}\int_{-\infty}^{+\infty}f(t-\Delta,z,t,y)|z-y|^3 dz = 0$$

を証明し，極限値

$$\lim_{\Delta \to 0} \frac{1}{2\Delta} \int_{-\infty}^{+\infty} f(t-\Delta, z, t, y)(z-y)^2 dz = \overline{B}^2(t, y) \quad (135)$$

$$\lim_{\Delta \to 0} \frac{1}{\Delta} \int_{-\infty}^{+\infty} f(t-\Delta, z, t, y)(z-y) dz = \overline{A}(t, y) \quad (136)$$

$$\lim_{\Delta \to 0} \frac{1}{\Delta} \left[\int_{-\infty}^{+\infty} f(t-\Delta, z, t, y) dz - 1 \right] = \overline{N}(t, y) \quad (137)$$

の存在を証明することによって，次の形の第2方程式が得られるはずである．

$$\frac{\partial}{\partial t} f(s, x, t, y)$$
$$= \overline{N}(t, y) f(s, x, t, y) + \overline{A}(t, y) \frac{\partial}{\partial y} f(s, x, t, y)$$
$$+ \overline{B}^2(t, y) \frac{\partial^2}{\partial y^2} f(s, x, t, y) \quad (138)$$

この方程式と前に得た方程式とが同値であることを示すためには，

$$\overline{B}^2(t, y) = B^2(t, y) \tag{139}$$

$$\overline{A}(t, y) = -A(t, y) + 2 \frac{\partial}{\partial y} B^2(t, y) \tag{140}$$

$$\overline{N}(t, y) = -\frac{\partial}{\partial y} A(t, y) + \frac{\partial^2}{\partial y^2} B^2(t, y) \tag{141}$$

を証明しなければならない．

§15. 第2微分方程式の解の一意性と存在についての問題設定

微分方程式 (125) と (133) を用いて関数 $f(s,x,t,y)$ を一意的に定めるためには,当然,なんらかの初期条件を設定しなければならない.第2方程式 (133) については,次のようにすればよい.式 (85) から,関数 $f(s,x,t,y)$ は $t>s$ のとき,条件

$$\int_{-\infty}^{+\infty} f(s,x,t,y)dy = 1 \qquad (142)$$

を満足する.さらに,(110) から

$$\int_{-\infty}^{+\infty} (y-x)^2 f(s,x,t,y)dy \to 0 \quad (t \to s) \qquad (143)$$

が得られる.解の一意性の基本的問題は,次のように述べられる.s と x が与えられたとき,すべての y と $t>s$ について定義され,さらに条件 (133), (142), (143) を満たす,変数 t, y の唯一の非負の関数 $f(s,x,t,y)$ が存在するためには,どのような条件が満たされればよいか? いくつかの重要な特定の場合に,この問いに肯定的に答えられる.次の2つの節で考察するケースは,いずれもそのような例である.

いま,関数 $A(t,y)$ と $B^2(t,y)$ とがあらかじめ与えられているとして,次のように問題を設定できる.条件 (85) と (86) を満たす (§11 で示したように,これらの要求は $f(s,x,t,y)$ が確率的システムを定めるために必要である) 一方,他方では,式 (122), (124) による極限移行を

行った結果が，与えられた関数 $A(t,y)$ と $B^2(t,y)$ になるような非負の関数 $f(s,x,t,y)$ が存在するか？

この問題を解くためには，例えば，まず最初に条件 (142), (143) を満足する第2微分方程式 (133) のなんらかの非負の解を求め，続いて，それが実際にいまの問題の解であることを調べればよい．このとき，次の2つの一般的な問題が生じる：

1. <u>どのような条件があれば，方程式 (133) の解は存在するか？</u>

2. <u>どのような条件があれば，この解は実際に方程式 (85), (86) を満たすと保証できるか？</u>

これらの条件は十分に一般的な性格をもつものであろうと見なすのは，もっともなことである．

§16. バシュリエの事例

ここでは，$f(s,x,t,y)$ を差 $y-x$ の関数とし，s と t に任意に依存すると仮定する．すなわち，過程はパラメータに関して同次で

$$f(s,x,t,y) = v(s,t,y-x) \tag{144}$$

であるとする．この場合には，明らかに $A(s,t)$ と $B(s,t)$ は s だけに依存するから，微分方程式 (125) と (133) は，ここでは次のように書ける．

$$\frac{\partial f}{\partial s} = -A(s)\frac{\partial f}{\partial x} - B^2(s)\frac{\partial^2 f}{\partial x^2} \qquad (145)$$

$$\frac{\partial f}{\partial t} = -A(s)\frac{\partial f}{\partial y} + B^2(s)\frac{\partial^2 f}{\partial y^2} \qquad (146)$$

関数 $v(s,t,z)$ については，(145) と (146) から，方程式

$$\frac{\partial v}{\partial s} = A(s)\frac{\partial v}{\partial z} - B^2(s)\frac{\partial^2 v}{\partial z^2} \qquad (147)$$

$$\frac{\partial v}{\partial t} = -A(s)\frac{\partial v}{\partial z} + B^2(s)\frac{\partial^2 v}{\partial z^2} \qquad (148)$$

が得られる．

方程式 (148) は，バシュリエ[1] が得たものであるが，彼は厳密な証明はしていない．

恒等的に $A(t)=0, B(t)=1$ であれば，方程式 (133) は（ここでは (146) である），熱伝導方程式

$$\frac{\partial f}{\partial t} = \frac{\partial^2 f}{\partial y^2} \qquad (149)$$

となり，条件 (142), (143) を満足する一意的な非負の解は，よく知られているようにラプラスの公式

$$f(s,x,t,y) = \frac{1}{\sqrt{\pi(t-s)}} e^{-(y-x)^2/4(t-s)} \qquad (150)$$

で与えられる．

一般の場合には，次のようにおく．

---

1) 204 ページ脚注の文献 I, III を参照．

$$x' = x - \int_a^s A(u)du, \quad y' = y - \int_a^t A(u)du$$

$$s' = \int_a^s B^2(u)du, \quad t' = \int_a^t B^2(u)du$$

このとき，方程式 (146) は

$$\frac{\partial f}{\partial t'} = \frac{\partial^2 f}{\partial y'^2}$$

となり，条件 (142), (143) は，新しい変数 s', x', t', y' についても，変数 s, x, t, y の場合と同じ形のままである．したがって一般の場合には，関数

$$f(s, x, t, y) = \frac{1}{\sqrt{\pi(t'-s')}} e^{-(y'-x')^2/4(t'-s')}$$

$$= \frac{1}{\sqrt{\pi \beta}} e^{-(y-\alpha)^2/4\beta} \qquad (151)$$

$$\left(\beta = \int_s^t B^2(u)du, \quad \alpha = x + \int_s^t A(u)du\right)$$

が，方程式 (146) の，ここでの条件を満足する唯一の解である．

§17. 分布関数を変換する1つの方法

ここで

$$s' = \varphi(s), \quad t' = \varphi(t), \quad x' = \psi(s, x), \quad y' = \psi(t, y),$$

$$f(s, x, t, y) = \frac{\partial \psi(t, y)}{\partial y} f'(s', x', t', y') \qquad (152)$$

とする．また，$\varphi(t)$ は連続で，至るところ非減少であ

って，$\psi(t,y)$ は t に関して任意で，y については正の偏導関数をもつとする．$f(s,x,t,y)$ が条件 (85) と (86) を満たせば，容易に確かめられるように，新しい変数 s', x', t', y' の関数 f' についても全く同じことが成立する．言い換えれば，<u>ここでの変換によって，$f(s,x,t,y)$ と同じく，ある確率モデルを定める新しい関数 $f'(s',x',t',y')$ が得られる</u>．

$\varphi(t)$ と $\psi(t,y)$ がそれぞれの偏導関数をもてば，方程式 (125) と (133) は，新たな変数に移すことによって

$$\frac{\partial f'}{\partial s'} = -A'(s',x')\frac{\partial f'}{\partial x'} - B'^2(s',x')\frac{\partial^2 f'}{\partial x'^2} \tag{153}$$

$$\frac{\partial f'}{\partial t'} = -\frac{\partial}{\partial y'}[A'f'] + \frac{\partial^2}{\partial y'^2}[B'^2 f'] \tag{154}$$

となる．ここで，

$$\left.\begin{aligned}
&A'(t',y') \\
&= \frac{\dfrac{\partial^2 \psi(t,y)}{\partial y^2}B^2(t,y) + \dfrac{\partial \psi(t,y)}{\partial y}A(t,y) + \dfrac{\partial \psi(t,y)}{\partial t}}{\dfrac{\partial \varphi(t)}{\partial t}} \\
&B'^2(t',y') = \frac{\left[\dfrac{\partial \psi(t,y)}{\partial y}\right]^2 B^2(t,y)}{\dfrac{\partial \varphi(t)}{\partial t}}
\end{aligned}\right\} \tag{155}$$

である．

この変換を用いることで，多くの新しい係数 $A(t,y)$ と

$B^2(t,y)$ について, (133) の解が求められる. 例えば,
$$A(t,y) = a(t)y + b(t), \quad B^2(t,y) = c(t) \qquad (156)$$
とし,

$$\left.\begin{array}{l} \varphi(t) = \displaystyle\int c(t)e^{-2\int a(t)dt}dt \\ \psi(t,y) = ye^{-\int a(t)dt} - \displaystyle\int b(t)e^{-\int a(t)dt}dt \end{array}\right\} \qquad (157)$$

とおけば, 新しい変数 s', x', t', y', f' について, 最も簡単な熱伝導方程式

$$\frac{\partial f'}{\partial t'} = \frac{\partial^2 f'}{\partial y'^2} \qquad (158)$$

が得られる. このとき初期条件 (142), (143) は, $f'(s', x', t', y')$ についても成立する. したがって, 式

$$f' = \frac{1}{\sqrt{\pi(t'-s')}} e^{-(y'-x')^2/4(t'-s')} \qquad (159)$$

および (157) と (152) から, (156) の形の係数をもつ方程式 (133) の, ここでの条件を満たす唯一の解 $f(s,x,t,y)$ が得られる. 容易にわかるように, この場合, 関数 $f(s,x,t,y)$ は

$$\frac{1}{\sqrt{\pi\beta}} e^{-(y-\alpha)^2/4\beta} \qquad (160)$$

の形である. ここで, α と β は s, x, t には依存するが, y には依存しない.

重要な問題のひとつは, <u>任意の s, x, t について, (160) の形の関数, すなわちラプラスの分布関数が常に得られる</u>

ような係数 $A(t,y), B^2(t,y)$ の可能なすべての型を見出すこと である.

第2の例として, 次を考えよう.
$$A(t,y) = a(t)(y-c) \atop B^2(t,y) = b(t)(y-c)^2 \right\} \quad (161)$$
ここで
$$\varphi(t) = \int b(t)dt \atop \psi(t) = \ln(y-c) + \int [b(t)-a(t)]\, dt \right\} \quad (162)$$
とする. ここでも $f'(s',x',t',y')$ についての方程式 (158) が得られ, その解 (159) はすでにわかっている. 注意しなければならないのは, ここでは, x と y が $-\infty$ から $+\infty$ まで変化するとき, 変数 x' と y' は c から $+\infty$ までのすべての値をとるので, 値 $x>c$ と $y>c$ だけを考えれば十分だということである. 条件 (142) と (143) とを関数 f' に移す際, このことに関係して生ずるいくつかの困難は, 容易に克服できるものである.

特に
$$A(t,y) = 0, \quad B^2(t,y) = y^2 \quad (163)$$
の場合には, 式

$$f(s,x,t,y) = \frac{1}{y\sqrt{\pi(t-s)}} \exp\left\{-\frac{(\ln y + t - \ln x - s)^2}{4(t-s)}\right\} \quad (164)$$

が得られる.

応用上最も重要なのは，$A(t,y)$ と $B^2(t,y)$ が y にだけ依存して，時刻 t には依存しない事例である．この事例を考える場合には，次のステップとして，今扱っている問題を，係数が

$$A(y) = ay+b, \quad B^2(y) = cy^2+dy+e \tag{165}$$

の形である場合について解くことになる．

§18. 定常分布関数

時刻 t_0 で，確率微分分布関数 $g(t_0, y)$ が既知であれば，一般式 (5) と同様，分布関数 $g(t, y)$ を任意の $t > t_0$ について，式

$$g(t,y) = \int_{-\infty}^{+\infty} g(t_0, t) f(t_0, x, t, y) dx \tag{166}$$

で定義する．明らかに，関数 $g(t, y)$ は方程式

$$\frac{\partial g}{\partial t} = -\frac{\partial}{\partial y}[A(t,y)g] + \frac{\partial^2}{\partial y^2}[B^2(t,y)g] \tag{167}$$

を満たす．

ここで，係数 $A(t,y), B^2(t,y)$ が y にだけ依存する（過程は時間に関して同次である）として，関数 $g(t, y)$ で時間に対して不変であるのはどんな関数であるかを調べる．そのような関数については，明らかに，

$$-Ag + (B^2 g)' = C \tag{168}$$

が成り立つ．$y \to \pm\infty$ のとき，g と g' が等式 (168) の左辺のすべてと同じ程度の速さで 0 に収束するならば，明らかに $C = 0$ であり，

$$\frac{g'}{g} = \frac{A-(B^2)'}{B^2} \tag{169}$$

である.さらに,関数 $g(y)$ は条件

$$\int_{-\infty}^{\infty} g dy = 1 \tag{170}$$

も満たさなければならない.

定常解 $g(x)$ が存在すれば,$f(s,x,t,y)$ は,s と x が任意の定数の場合,$t \to \infty$ のとき $g(y)$ に収束する.したがって $g(y)$ が定常解であるだけでなく極限解でもある.このことは,ほとんどの場合について証明可能であると思われる.

係数 A と B^2 が (165) の形であれば,(169) はピアソンの方程式

$$\frac{g'}{g} = \frac{y-p}{q_0 + q_1 y + q_2 y^2} \tag{171}$$

となる.ここで

$$\left.\begin{array}{ll} p = \dfrac{d-b}{a-2c}, & q_0 = \dfrac{e}{a-2c} \\[6pt] q_1 = \dfrac{d}{a-2c}, & q_2 = \dfrac{c}{a-2c} \end{array}\right\} \tag{172}$$

である.こうして,定常解がピアソンの任意の分布関数である確率モデルを得ることができる.

§19. その他の可能性

§§13-18 で述べた理論は,仮定 (111) に本質的に依存

している．この仮定をはずしたとしても，条件 (110) さえ残せば，新たな多くの可能性が生じる．例として，分布関数

$$F(s,x,t,y) = e^{-a(t-s)}\sigma(y-x)$$
$$+ (1-e^{-a(t-s)})\int_{-\infty}^{y} u(z)dz \quad (173)$$

で特徴づけられるモデルを考える．ここで，$z<0$ のときは $\sigma(z)=0$，$z \geqq 0$ のときは $\sigma(z)=1$ である．また，$u(z)$ は非負の関数で

$$\int_{-\infty}^{+\infty} u(z)dz = 1$$

であって，モーメント

$$\int_{-\infty}^{+\infty} u(z)|z|^i dz \quad (i=1,2,3)$$

は有限であるとする．関数 $F(s,x,t,y)$ は (110) に加えて (78) と (79) とを満たすことが容易に証明される．

このモデルは次のように解釈できる．パラメータ y は微小時間区間 $(t, t+dt)$ の間には，確率 $1-adt$ でそれまでの値を保つか，確率 $au(z)dtdz$ で値 y' ($z<y'<z+dz$) に変わる．つまり，跳躍が各時間区間で起こる可能性があって，跳躍後のパラメータの値の分布関数は，このパラメータの跳躍前の値には依存しない．

導かれたモデルを次のようにさらに一般化することもできる．微小時間区間 $(t, t+dt)$ 内に，パラメータ y は，確率 $a-a(t,y)dt$ でそれまでの値を保つか，確率

$u(t,y,z)dtdz$ で y' ($z<y'<z+dz$) に変わるかのどちらかである。このとき、当然

$$\int_{-\infty}^{+\infty} u(t,y,z)dz = a(t,y) \tag{174}$$

を仮定する。この場合には、$g(t,y)$ は、見たところ、積分-微分方程式

$$\frac{\partial}{\partial t}g(t,y) = -a(t,y)g(t,y)$$
$$+ \int_{-\infty}^{+\infty} g(t,z)u(t,z,y)dz \tag{175}$$

を満足するはずである。

y の跳躍だけでなく、連続的変化をも考えようとするのであれば、関数 $g(t,y)$ についての方程式

$$\frac{\partial}{\partial t}g(t,y)$$
$$= -a(t,y)g(t,y) + \int_{-\infty}^{+\infty} g(t,z)u(t,z,y)dz$$
$$- \frac{\partial}{\partial y}[A(t,y)g(t,y)] + \frac{\partial^2}{\partial y^2}[B^2(t,y)g(t,y)] \tag{176}$$

が成り立つことを期待するのは自然なことである。ただし、条件 (174) が満たされ、係数 $A(t,y), B^2(t,y)$ は §13 に述べた値をもつものとする。

§20. 結 び

いま扱っているシステムが n 個のパラメータ $x_1, x_2, \cdots$,

x_n で定められるならば，§13 で述べた条件に類似した条件のもとで，微分分布関数 $f(s, x_1, \cdots, x_n, t, y_1, \cdots, y_n)$ について，次の微分方程式が得られることになる．

$$\frac{\partial f}{\partial s} = -\sum_{i=1}^{n} A_i(s, x_1, \cdots, x_n) \frac{\partial f}{\partial x_i}$$
$$\qquad - \sum_{i=1}^{n} \sum_{j=1}^{n} B_{ij}(s, x_1, \cdots, x_n) \frac{\partial^2 f}{\partial x_i \partial x_j} \quad (177)$$

$$\frac{\partial f}{\partial t} = -\sum_{i=1}^{n} \frac{\partial}{\partial y_i} [A_i(t, y_1, \cdots, y_n) f]$$
$$\qquad + \sum_{i=1}^{n} \sum_{j=1}^{n} \frac{\partial^2}{\partial y_i \partial y_j} [B_{ij}(t, y_1, \cdots, y_n) f] \quad (178)$$

$A_i(t, y_1, \cdots, y_n)$ と $B_{ij}(t, y_1, \cdots, y_n)$ が t だけに依存する場合については，これらの方程式はバシュリエ[1] が導き出し，解いたものである．ここでの問題の条件を満たす解は，この場合には

$$f = P \exp\left\{-\frac{1}{Q} \sum p_{ij}(y_i - x_i - q_i)(y_j - x_j - q_j)\right\} \quad (179)$$

の形である．ここで，P, Q, p_{ij}, q_i は s, t だけに依存する．

状態が一部は離散変数で，一部は連続変数を用いて定められる混合モデルを考えこともできる．

モスクワ，1930 年 7 月 26 日

---

[1] 204 ページ脚注の文献 II を参照．

訳者あとがき

本書は，

- 確率論の基礎概念（第3版）（*Основные понятия теории вероятностей*. Москва: Фазис, 1998.）
- 確率論における解析的方法について（"Об аналитических методах в теории вероятностей". *Успехи математических наук*, 1938, **5**, 3-41.）

の日本語訳を一冊にまとめたものである．初版はいずれもドイツ語で書かれていて，それぞれ

- *Grundbegriffe der Wahrscheinlichkeitsrechnung*. Berlin: spinger, 1933.
- "Über die analitischen Methoden in der Wahrscheinlichkeitsrechnung". *Math. Ann.*, 1931, **104**, 415-458.

である．この書籍と論文は初版出版から，すでにそれぞれ77年，79年を経過しているが，シリャーエフ（А.Н. Ширяев, A. N. Shiryaev, 1934- ．コルモゴロフの後継者）が『基礎概念』の解説において述べているように，両者はいずれも現代"数学的"確率論の出発点として，今日までも研究・教育上の意義を持ち続けている．

以下，この「訳者あとがき」では，本書に関係する文献資料を，日本語のものを主として紹介することにする．

1. 『基礎概念』について

 この本は1933年にドイツ語の初版が刊行されて以来，各国でさまざまな版が刊行されている．ドイツ語，英語，ロシア語および日本語での出版の変遷は下記のとおりである．

 1933 ドイツ語初版刊行
 1936 ドイツ語初版のロシア語訳刊行
 1950 ドイツ語初版の英語訳刊行
 1956 英語訳の第2版刊行
 1969 ドイツ語初版の日本語訳刊行（根本伸司・一条洋訳『確率論の基礎概念』，東京図書）
 1974 ロシア語第2版刊行
 1975 ロシア語第2版の日本語訳刊行（根本伸司訳『確率論の基礎概念』，東京図書）
 1987 著者コルモゴロフ死去
 1998 ロシア語第3版刊行

 この文庫版の原本は，最後に挙げたロシア語第3版である．第3版はコルモゴロフの死後刊行されたものであり，ロシア語第2版にはなかったシリャーエフによる付録が付けられているが，『基礎概念』の本文部分は第2版と同じである．

 1932年11月に初版の執筆にとりかかったコルモゴ

ロフは当時29歳であったが，すでに確率論の優れた成果をあげ，ソヴィエトのオイラー（Leonhard Euler, 1707-1783）と呼ばれて尊敬されていた．執筆に先立ち，彼は1930年6月から翌年3月までのドイツ，フランスへの海外旅行で，ヒルベルト，フレシェ，レヴィなどの当時の著名な数学者たちと懇談している．こうして書かれた『基礎概念』がこのように長い間有効であり続けたのは，この本がそれまでの多くの諸成果を織り込んだ，その時代の考えを含んでいるためであるとされている（下のシェイファー - ウォフク（2006）を参照）．

ドイツ語初版刊行から75周年にあたる2008年には，プロホロフとシリャーエフは「コルモゴロフの書籍出版75周年に」と題する記事を書いている（ロシア語からの英訳）．

・Yu. V. Prokhorov and A. N. Shiryaev, "Seventy-five years since publication of the monograph by A. N. Kolmogorov". *Theory Prob. Appl.*, 2009, **53**(2), 191-193.

このことは，本書が公理的確率論の研究・教育において，今日もなお多大の影響をもたらしていることを示している．

『基礎概念』は我が国にも大いに影響を与えた．『日本の数学100年史（下）』（岩波書店，1984）の§5.4「各分科の研究状況」には，次のように書かれている．「1933年のコルモゴロフによる確率論の公理化は，古典的確率論の

現代化の始まりといえよう．1937年には，レヴィ（Paul Pierre Lévy, 1886-1940）やクラメル（Harald Cramér, 1893-1985）の著書も現われ，確率論の研究が盛んになってくる．わが国でも，1940年ごろから急激に確率論の測度論的および解析的理論についての研究が盛んになってきた．」「この時期〔昭和後期〕は，国際的にも，確率過程論が解析学，関数解析学との関係を深めつつ，急速な進歩をしたので，日本でも多数の数学者が確率論に興味をもち，国際的に第一線に立った幾多の研究成果が得られるに至った．」

また，確率論の世界的第一人者である伊藤清（1915-2008，2006年第1回ガウス賞受賞，文化勲章受章）は，「コルモゴロフの数学観と業績」（『数学セミナー』1998年10月号，55-60）で，次のように述べている．「学生の頃（1937年）彼の名著『基礎概念』を読んで，確率論に志し，その後50年余り，これを続けてきた私にとって，Kolmogorovは私の数学の基礎であった．」「私はKolmogorovのこの論文〔「解析的方法」〕の序文にあるアイディアからヒントを得て，マルコフ過程の軌道をあらわす確率微分方程式を導入したが，これが私のその後の研究の方向をきめることになった．」「Kolmogorovの『基礎概念』と「解析的方法」は私にとっては至宝である．」

両者のもつ意義については，次でも論じられている．

・高橋陽一郎・志賀浩二『対話：20世紀数学の飛翔3 確率論をめぐって』日本評論社，1992．

こうして1940年代から,『基礎概念』を出発点とする数学としての測度論的確率論に関する我が国での専門書・学習書が出版され始めた.それ以来の発展を反映した"測度論的確率論"を学ぶための書籍は数多く,例えば以下が参考になる.それらには,独習書・参考書が示されている.

・伊藤清『新版 確率論の基礎』岩波書店,2004.
・舟木直久『確率論』朝倉書店,2004.
・伊藤清『確率過程』岩波書店,2007.

『新版 確率論の基礎』は1947年に刊行された初版を新装し,表記・記号を新しくし,池田信行による解説「概要とその背景」が付されている.これらのほか,歴史的・哲学的立場からみた『基礎概念』の意義については,次の書籍でも述べられている.

・ジョン・タバク『はじめからの数学4 確率と統計』(松浦俊輔訳)青土社,2005.
・マイケル・カプラン,エレン・カプラン『確率の科学史』朝日新聞社,2007.
・D.ギリース『確率の哲学理論』(中山智香子訳)日本経済評論社,2004.
・G.シェイファー,V.ウォフク『ゲームとしての確率とファイナンス』(竹内啓・公文雅之訳)岩波書店,2006.

最後に挙げた書籍の著者ウォフク(Vladimir Vovk)は,コルモゴロフの指導を受け1983年にモスクワ大学を卒業している.この本はコルモゴロフの測度論的確率論に代

わる新しい"ゲーム論的確率論"について論じたものであるが，その第2章「歴史的脈絡におけるゲーム論的枠組」の記述は『基礎概念』の意義を考える上で参考になるし，本書のシリャーエフの解説"第4期"の内容にも大いに関係がある．さらに，コルモゴロフを確率論の基礎付けにおける20世紀最大の貢献者と位置付ける著者たちは，『基礎概念』の歴史的意義について詳細な考察を行っている．

- Glenn Shafer and Vladimir Vovk, "The origins and legacy of Kolmogorov's *Grundbegriffe*". The Game-Theoretic Probability and Finance Project: Working Paper No. 4, 2005. (ウェブサイト http://www.probabilityand_nance.com からダウンロード可)
- Glenn Shafer and Vladimir Vovk, "The Sources of Kolmogorov's *Grundbegriffe*". *Stastical Science*, 2006, **21** (1), 70-98.

2.「解析的方法」について

この論文の内容はマルコフ過程における解析的方法であって，確率過程研究の歴史的な出発点である．これに続く確率過程の理論は，我が国の研究者を含む多くの研究者の貢献によって発展させられて，その成果が研究・教育面に取り入れられるようになった．この論文自体はその歴史的意義に力点が置かれ，そのためか，「解析的方法」が紹介

される機会は少ないが,次の論文では内容の紹介がなされている.

- 池田信行「確率変数列から確率過程へ」,『数学セミナー』2003 年 11 月号, 27-32.

なお,この「解析的方法」に始まる"コルモゴロフの微分方程式"は経営科学(オペレーションズ・リサーチ)においても"確率論的モデル"として,特に,待ち行列理論,信頼性理論で重要な役割を果たしている.

3.『基礎概念』以後

『基礎概念』によって,「確率とは何か」,「偶然とは何か」という問題が決着したということではない(決着するものでもないであろう).コルモゴロフはこの問いに直接的に答えようとしたのではなくて,「測度論」を基礎とした数学的理論の枠組みを構築し,その方向での成果を出したのである.コルモゴロフ自身は,この問題を数学の視点から問い続けたと言える.このことについては,次でも述べられている.

- 楠岡成雄「特集:数学の語り部たち コルモゴロフ」,『数学セミナー』2002 年 4 月号.

コルモゴロフのこの面での成果については本書の解説でも述べられている.また,上で述べたシェイファーとウォフクはこれらを含めて総合的に論じている.

- V. G. Vovk and G. R. Shafer, "Kolmogorov's contributions to the foundations of probability". *Prob-*

lems of Information Transmission, **39** (1), 2003, 21-23. (ロシア語からの英訳)
・Volodya Vovk, "Kolmogorov's complexity conception of probability". In: V. F. Hendricks *et al.* (eds.), *Probability Theory*. Dordrecht-Boston: Kluwer Academic Publishers, 2001.

"コルモゴロフの複雑さ"については,例えば次のものが参考になる(ただし,いずれも系統だてて述べられてはいない).
・D. ルエール『偶然とカオス』(青木薫訳)岩波書店,1993.
・イーヴァル・エクランド『偶然とは何か』(南條郁子訳)創元社,2006.
・大野克嗣『非線形な世界』東京大学出版会,2009.

4. コルモゴロフの数学

数学のきわめて広い分野で大きな貢献をしたコルモゴロフの業績については,次が参考になる.
・高橋陽一郎「コルモゴロフの数学の断片」,『数学』第42巻第2号(1990年春季号),177-182.
・高橋陽一郎「特集:コルモゴロフの数学 'コルモゴロフの数学' の断片」,『数学セミナー』2003年11月号,10-16.

次の論文には,コルモゴロフの数学の業績のほか,各国における『基礎概念』受容のあり方や,「解析的方法」の意

義とその後の発展についてなど，彼の活動が全般的に述べられている．

- A. N. Shiryaev, "Kolmogorov: Life and creative activities". *Annals of Probability*, 1989, **17** (3), 866-944.

5. コルモゴロフの生涯

コルモゴロフは 1903 年 4 月 25 日生まれ．母親は出産とともに亡くなり，叔母によって育てられた．1920 年にモスクワ大学に入学後，確率論をはじめとするさまざまな分野で業績を挙げた．1987 年 10 月 20 日死去．コルモゴロフの生涯と業績について書かれた日本語のものに次がある．

- 渋谷政昭「A. N. コルモゴロフ」,『岩波講座：科学／技術と人間　別巻　新しい科学／技術を拓いたひとびと』岩波書店，1999, 259-278.
- デイヴィッド・サルツブルグ『統計学を拓いた異才たち』（竹内惠行・熊谷悦生訳）日経ビジネス人文庫，2010.

多くの写真を添えて，人柄や業績について述べたものに次がある．

- David Kendall, "Kolmogorov as I remember him". *Statistical Science*, 1991, **6** (3), 303-312.
- A. N. Shiryaev *et al.* "Everything about Kolmogorov was unusual…". *Ibid.*, 313-318.

コルモゴロフの伝記がティホミロフ（В. М. Тихомиров, V. M. Tikhomirov, 1934- , コロモゴロフの高弟のひとり）によって，2006年に出版されている．そこに記載されている表を参照して作成した年表を本書につけておく．また，コルモゴロフの指導を受けた著名な数学者たちの思い出がまとめられた次の本も参考になろう（ロシア語からの英訳）．

・ *Kolmogorov in Perspective*. Providence: American Mathematical Society, 2000.

コルモゴロフの膨大な数学の業績を収めた選集が出版されている（ロシア語からの英訳）．

・ *Selected Works of A. N. Kolmogorov*. Dordrecht-Boston: Kluwer Academic Publishers.

さらに，2005年から選集全6巻（ロシア語，増補版）が発刊され，2010年には第5巻までが既刊である．

日露の研究者の交流については次がある．

・佐藤健一「日ソ・日露確率論シンポジウムの27年」，『数学』第48巻第4号（1996年冬季号），425-431．

コルモゴロフ自身の手による著作のうち，日本語で読めるものとしては，『基礎概念』の「第2版への序文」に挙げられている『数学通論』，および「参考文献」中の『函数解析の基礎』（フォミーンとの共著）に加え，次がある．

・『学問と職業としての数学』（山崎昇他訳）大竹出版，2003．

・『コルモゴロフの確率論入門』（I. ジュルベンコ，A.

プロホロフと共著，丸山哲郎・馬場良和訳）森北出版，2003.
・『19 世紀の数学（全3巻）』（三宅克哉ほか監訳）朝倉書店，2008-2009.

6. 本書の出版の経緯と謝辞

ちくま学芸文庫の編集担当の海老原勇さんから，コルモゴロフ著『基礎概念』第3版の翻訳の相談があった．この第3版は第2版との大きな違いはなく，シリャーエフによる付録が新たに付けられ，確率論の発展史におけるコルモゴロフの業績の位置づけがなされてはいるが，原書ロシア語の第1版，第2版の翻訳は，すでに東京図書から出版されている．また，原書第3版そのものの出版（1998年）からも時間がかなり経過している．

これらのことから，この書籍を今翻訳することの意義を考えるために，内外の，特に日本での文献を改めて調べた（その多くについては，上に述べた）．その結果，『基礎概念』に匹敵するかあるいはそれ以上の歴史的意義をもつ同著者の論文「解析的方法」もこの際に翻訳し，同時に出版することが意味のあることだと思って，翻訳に着手することにした．この仕事は訳者の力量と経験からは，荷が重く，著名な著書の名を汚すことにならないかと恐れる思いであった．

翻訳にあたっては，基本的に直訳を心がけたが，若干の意訳，追加，変更によって，読みやすくなるように努め

た.数式については,数学的期待値の記号 M を E に変えるなど,日本での慣例に鑑みて一部表記を改め,用語についても現在の慣用に従って訳語を当て,直訳でない箇所には訳注を付けることにした.原書中,明らかに誤植と思われるものは,断りなく訂正しておいたところがある.

『基礎概念』の翻訳に際しては,東京図書版の旧訳を参照させていただいた.海老原勇さんには,翻訳の過程で,ファイル添付のメールを頻繁に交換して,原稿を正確なものにし,読みやすくすることに協力をいただき,また関係資料の収集についても大変お世話になった.記して感謝申しあげます.

本書の本体はもとより,「訳者あとがき」での関連資料のリストも読者のお役に立てば幸いです.

2010 年 5 月 5 日

訳　　者

コルモゴロフ　関連年表

コルモゴロフの 主要活動歴	西暦	一般歴史的事項 （主にロシア）
誕生（列車内，母は出産時に死亡．叔母に養育される）	1900 1903 1904 1905	国際数学者会議，ヒルベルトの問題 日露戦争（〜05） アインシュタイン，特殊相対性理論
モスクワ移住，中学入学	1910 1914 1917	 第1次世界大戦（〜18） ロシア革命
モスクワ大学物理・数学部入学（〜25） ポトウイリンスカヤ実験校臨時勤務（〜25） 大学院進学（ルージンの指導を受ける） モスクワ大学勤務	1920 1922 1924 1925 1928 1929	 ソヴィエト社会主義連邦成立 レーニン死去，スターリン政権掌握 第1次5カ年計画，集団農場の組織化
ドイツ，フランスに出張（〜31）	1930	

モスクワ大学教授就任 「解析的方法」(独語)	1931	
	1932	集団農場化過剰による大飢饉
モスクワ大学数学力学研究所所長 (〜39) 『基礎概念』初版 (独語) 確率論講座主任 (〜60)	1933	
	1935	スターリンによる大規模政治弾圧
物理・数学博士号を授与される 『基礎概念』初版 (露語)	1936	
ステクロフ研究所確率部長 (〜60) 「解析的方法」(露語)	1938	
ソヴィエト科学アカデミー正会員になる	1939	独ソ不可侵条約, 第2次世界大戦 (〜45)
	1941	ドイツ軍, ソ連へ侵入. 太平洋戦争
アンナ・ドミトリエヴナ・エゴロヴァと結婚	1942	
	1945	広島・長崎原爆投下, 終戦
ソヴィエトアカデミー・チェビシェフ賞受賞 (グネジェンコとともに)	1949	
	1950	朝鮮戦争 (〜53)
モスクワ大数学研究所長 (〜53)	1951	
	1953	スターリン死去
モスクワ大学力学数学部長 (〜58)	1954	

	1957	ソ連，人工衛星打ち上げ
モスクワ大学力学数学部に統計的方法の研究室を創設	1960	
物理・数学寄宿学校開校	1963	
社会主義労働者英雄賞受賞		
レーニン賞受賞（アーノルドとともに）	1965	
確率と統計の学際研究室主任	1966	
一般・高校生向け物理・数学月刊誌『クヴァント』創刊	1969	アメリカの有人宇宙船，月面着陸
『基礎概念』第2版（露語）	1974	
数理統計学講座主任	1976	
数理論理学講座主任	1980	
第4回日ソ確率統計シンポジウムに出席，特別講演	1982	
	1986	チェルノブイリ原発事故
ロバチェフスキー賞受賞	1987	
パーキンソン病で死去，84歳		
	1989	ベルリンの壁崩壊
	1990	東西ドイツ統一
	1991	ソ連邦解体
『基礎概念』第3版（露語）	1998	

索　引

ア　行

アストラガロス　156
アルゴリズム的複雑さ　187
安定　112
　　強——　133
位置選択関数　176
エルゴード原理　167, 216
　　局所——　233
エントロピー　187

カ　行

確率
　——過程　85, 201
　——関数　50, 55
　——空間　19, 38, 40, 181
　——事象　18
　——収束　70
　——変数　35, 51, 181
　——密度　48, 53, 57
　幾何学的——　88, 165
　基本——　20
　事後——　27
　事前——　27
　遷移——　181
　条件つき——　25, 35, 90, 96
確率空間　19, 38, 40, 181
　有限——　20
　ボレル——　41
　無限——　37
仮説　27
可測　208

加法定理　25, 39
加法的集合関数　28
　完全——　40
カルダノ　157
幾何学的確率　88, 165
期待値　77, 181
　条件つき——　79, 99, 181
組み合わせ　157
原像　49
コルモゴロフの複雑さ　187
コレクティフ　175
根元事象　18

サ　行

事後確率　27, 165
事象　18
　根元——　18
事前確率　27, 165
死亡表　156
写像　49
収束　69, 70
　——条件　83
条件つき確率　25, 35, 90, 96
　——分布　96
　——関数　54
条件つき期待値　79, 99, 181
乗法定理　25
スティルチェス積分　77, 208
正規　112, 133
積分　73, 209
絶対連続　54, 57
0-1 法則　145

遷移確率 181
全確率の定理 26
相関
　——係数 111
　——比 111
　無—— 111

タ 行

大数の法則 112, 126, 163
大数の強法則 132, 171
多次元分布関数 55
筒集合 59
　ボレル—— 60
チェビシェフ 29, 166
　——の定理 114
　——の不等式 81
中心極限定理 164
定義関数 34, 95, 212
同値 68
独立 28
　互いに—— 31, 105, 106
ド・モアヴル 163

ハ 行

バシュリエ 265
パスカル 158
非減少 52
左連続 53
被覆定理 40
ビュフォンの針 165
標準分布関数 210, 241
標本空間 18
ヒルベルト 17, 173
頻度 175
フェルマー 158
フォン・ミーゼス 29, 175
複雑さ 186
　アルゴリズム的—— 187
　コルモゴロフの—— 187
フレシェ 28
分散 82
分布関数 45, 47, 52, 56
　微分—— 243
　標準—— 210, 241
ベイズ 162
　——の公式 165
　——の定理 26, 27, 98
ベルヌーイ, ダニエル 161
ベルヌーイ, ヤコブ 160
ベルンシュテイン 29, 174, 231
ポアソン 29
　——分布 239
ポアンカレ 168
ホイヘンス 160
ボルツマン 169
ボレル 171
　——拡張空間 42
　——確率空間 41
　——集合 60
　——集合体 41
　——筒集合 60
　——のパラドックス 95
ボレル-カンテリの補助定理 138

マ 行

マクスウェル 169
マルコフ 29, 166
　——連鎖 36, 167
マルチンゲール 179
無相関 111
モーメント法 166

ラ 行

ラプラス 29, 164

――の一般公式　233
ラプラス-リャプノフの定理　244
リャプノフ　29, 166
リンデベルク　244

ルベーグ　171
連鎖　184
連続性の公理　37

本書は、ちくま学芸文庫のために新たに訳出されたものである。

代数的構造 遠山　啓

群・環・体など代数の基本概念の構造の歴史をおりまぜつつ、卓抜な比喩とていねいな計算で確かめていく抽象代数学入門。(エッセイ 銀林浩)

現代数学入門 遠山　啓

現代数学、恐るるに足らず！ 学校数学より日常の感覚の中に集合や構造、関数や群、位相の考え方を探る大人のための入門書。(エッセイ 亀井哲治郎)

代数入門 遠山　啓

学校数学より文字式へ、そして方程式へ。巧みな例示と丁寧な叙述で「方程式とは何か」を説いた最晩年の名著。遠山数学の到達点がここに！(小林道正)

不完全性定理 ポール・J・ナーイン 小山信也訳

数学史上最も偉大で美しい式を無限級数の和やフーリエ変換、ディラック関数などの歴史的側面を説明した後、計算式を用い丁寧に解説した入門書。

オイラー博士の素敵な数式 小山信也訳

事実・推論・証明……。理屈っぽいとケムたがられる話題を、なるほどと納得させながら、ユーモアたっぷりにひもといたゲーデルへの超入門書。

数学的センス 野﨑昭弘

美しい数学は詩なのだ！ いまさら数学者にはきけないけれどゲーデル数学を楽しめたら。そんな期待に応えてくれる心やさしいエッセイ風数学再入門。

高等学校の確率・統計 黒田孝郎/森毅/小島順/野﨑昭弘ほか

成績の平均や偏差値はおなじみでも、実務の水準と説の検定教科書を指導書付きで復活。

高等学校の基礎解析 黒田孝郎/森毅/小島順/野﨑昭弘ほか

わかってしまえば日常感覚に近いものながら、数学挫折のきっかけの微分・積分。その基礎を丁寧にひもといた再入門のための検定教科書第2弾！

高等学校の微分・積分 黒田孝郎/森毅/小島順/野﨑昭弘ほか

高校数学のハイライト『微分・積分』に続く本格コース。公式暗記の学習からほど遠い、特色ある教科書の文庫化第3弾！

物理学入門	武谷三男	科学とはどんなものか。ギリシャの力学から惑星の運動解明まで、理論変革の跡をひも解いた科学論。三段階論で知られる著者の入門書。（上條隆志）
数は科学の言葉	トビアス・ダンツィク 水谷淳訳	数感覚の芽生えから実数論・無限論の誕生まで、数万年にわたる人類と数の歴史を活写。アインシュタインも絶賛した数学読み物の古典的名著。
常微分方程式	竹之内脩	初学者を対象に基礎理論を学ぶとともに、重要な具体例を取り上げ、それぞれの方程式の解法と解について解説する。練習問題を付した定評ある教科書。
数理のめがね	坪井忠二	物のかぞえかた、勝負の確率といった身近な現象の本質を解き明かす地球物理学の大家による数理エッセイ。
一般相対性理論	P・A・M・ディラック 江沢洋訳	一般相対性理論の核心に最短距離で到達すべく、卓抜した数学的記述で簡明直截に書かれた天才ディラックによる入門書。詳細な解説を付す。
幾何学	ルネ・デカルト 原亨吉訳	哲学のみならず数学においても不朽の功績を遺したデカルト。『方法序説』の本論として発表された『幾何学』、初の文庫化！（佐々木力）
不変量と対称性	今井淳／寺尾宏明／中村博昭	変えても変わらない不変量とは？ そしてその意味や用途とは？ ガロア理論や結び目の現代数学に現われる、上級の数学センスをさぐる7講義。
数とは何かそして何であるべきか	リヒャルト・デデキント 渕野昌訳・解説	「数とは何かそして何であるべきか？」「連続性と無理数」の二論文を収録。現代の視点から数学の基礎付けを試みた充実の訳者解説を付す。新訳。
数学的に考える	キース・デブリン 冨永星訳	ビジネスにも有用な数学的思考法とは？ 言葉を厳密に使う「量を用いて考える、分析的に考えるといったポイントからとことん丁寧に解説する。

現代数学概論	赤攝也	初学者には抽象的でとっつきにくい〈現代数学〉。「集合」「写像とグラフ」「群論」「数学的構造」といった基本的概念を手掛かりに概説した入門書。
数学と文化	赤攝也	諸科学や諸技術の根幹を担う数学、また「論理的・体系的な思考」を培う数学。この数学とは何ものなのか? 数学の思想と文化を究明する入門概説。
微積分入門	W・W・ソーヤー 小松勇作訳	微積分の考え方は、日常生活のなかから自然に出てくるもの。∫や lim の記号を使わず、具体例に沿って説明した定評ある入門書。
新式算術講義	高木貞治	算術は現代でいう数論。数の自明を疑わない明治の読者にその基礎を当時の最新学説で説く。『解析概論』の著者若き日の意欲作。 (瀬山士郎)
数学の自由性	高木貞治	大数学者が軽妙洒脱に学生たちに数学を語る! 年ぶりに復刊された人柄のにじむ幻のエッセイ集を含む文庫オリジナル。 (高瀬正仁)
ガウスの数論	高瀬正仁	青年ガウスは目覚めとともに正十七角形の作図法を思いついた。初等幾何に露頭した数論の一端! 創造の世界の不思議に迫る原典講読第2弾。
評伝 岡潔 星の章	高瀬正仁	詩人数学者と呼ばれ、数学の世界に日本的情緒を見事開花させた不世出の天才・岡潔。その人間形成と研究生活を克明に描く。誕生から研究の絶頂期へ。
評伝 岡潔 花の章	高瀬正仁	野を歩き、花を摘むように数学の自然を彷徨した伝説の数学者・岡潔。本巻は、その圧倒的数学世界を、絶頂期から晩年、逝去に至るまで丹念に描く。
高橋秀俊の物理学講義	藤村靖	ロゲルギストを主宰した研究者の物理的センスと力について、示量変数と示強変数、ルジャンドル変換、変分原理などの汎論四〇講。 (田崎晴明)

数学という学問 III	志賀浩二	19世紀後半、「無限」概念の登場とともに数学は大転換期を迎える。カントルとハウスドルフの集合論、そしてユダヤ人数学者の寄与について。全3巻完結。
現代数学への招待	志賀浩二	「多様体」は今や現代数学必須の概念。「位相」「微分」などの基礎概念を丁寧に解説・図示しながら、多様体のもつ深い意味を探ってゆく。
シュヴァレー リー群論	クロード・シュヴァレー 齋藤正彦訳	現代数学の古典的名著作。リー群を初めて大局的に論じた古典的名著作。著者の導いた諸定理はいまなお有用性を失わない。本邦初訳。
現代数学の考え方	イアン・スチュアート 芹沢正三訳	現代数学の基本概念をイメージ豊かに解説。現代数学の全体を見渡せる入門書。図版多数。
若き数学者への手紙	イアン・スチュアート 冨永星訳	研究者になるってどういうこと？現役で活躍する数学者が豊富な実体験を紹介。数学との付き合い方から「してはいけないこと」まで。
飛行機物語	鈴木真二	なぜ金属製の重い機体が自由に空を飛べるのか？その工学と技術を、リリエンタール、ライト兄弟などのエピソードをまじえ歴史的にひもとく。
集合論入門	赤攝也	「ものの集まり」という素朴な概念が生んだ奇妙な世界、集合論。部分集合・空集合などの基礎から、丁寧な叙述で連続体や順序数の深みへと誘う。
確率論入門	赤攝也	ラプラス流の古典確率論とボレル–コルモゴロフ流の現代確率論。両者の関係性を意識しつつ、確率の基礎概念と数理を多数の例とともに丁寧に解説。
現代の初等幾何学	赤攝也	ユークリッドの平面幾何を公理的に再構成するには？現代数学の考え方に触れつつ、幾何学が持つ面白さも体感できるよう初学者への配慮溢れる一冊。

（砂田利一）

（平井武）

ブラックホール	R・ルフィーニ／佐藤文隆	相対性理論から浮かび上がる宇宙の「穴」。星と時空の謎に挑んだ物理学者たちの奮闘の歴史と今日的課題に迫る。写真・図版多数。
はじめてのオペレーションズ・リサーチ	齊藤芳正	問題を最も効率よく解決するための科学的意思決定の手法。当初は軍事作戦計画として創案されたが、現在では経営科学等多くの分野で用いられている。
システム分析入門	齊藤芳正	意思決定に直面した時、問題を解決し目標を達成する多くの手段から、最適な方法を選択するための論理的思考。その技法を丁寧に解説する。
数学をいかに使うか	志村五郎	「何でも厳密に」などとは考えてはいけない――。世界的数学者が教える「使える」数学とは。文庫版オリジナル書き下ろし。
数学をいかに教えるか	志村五郎	日米両国で長年教えてきた著者が日本の教育を斬る！ 掛け算の順序問題、悪い証明と間違えやすい公式のことから外国語の教え方まで。
記憶の切繪図	志村五郎	世界的数学者の自伝的回想。幼年時代、プリンストンでの研究生活と数多くの数学者との交流と評価。巻末に「志村予想」への言及を収録。（時枝正）
通信の数学的理論	C・E・シャノン／W・ウィーバー／植松友彦 訳	IT社会の根幹をなす情報理論はここから始まった。発展いちじるしい最先端の数学がいまなお根源的な洞察をもたらす古典的論文が新訳で復刊！
数学という学問 I	志賀浩二	ひとつの学問として、広がり、深まりゆく数学。数・微積分・無限など「概念」の誕生と発展を軸にその歩みを辿る。オリジナル書き下ろし。全3巻。
数学という学問 II	志賀浩二	第2巻では19世紀の数学を展望。数概念の拡張によりもたらされた複素解析のほか、フーリエ解析、非ユークリッド幾何誕生の過程を追う。

ゲーテ地質学論集・鉱物篇

ゲーテ　木村直司編訳

地球の生成と形成を探って岩山をよじ登り洞窟を降りる詩人。鉱物学・地質学的な考察や紀行から、新たなゲーテ像が浮かび上がる。文庫オリジナル。

ゲルファント 座標法

やさしい数学入門

ゲルファント/グラゴレヴァ/キリロフ　坂本實訳

座標は幾何と代数の世界をつなぐ重要な概念。数直線のおさらいから四次元の座標幾何までを、世界的数学者が丁寧に解説する。訳し下ろしの入門書。

ゲルファント 関数とグラフ

やさしい数学入門

ゲルファント/グラゴレヴァ/シニール　坂本實訳

数学でも「大づかみに理解する」ことは大事。グラフ化＝可視化は、関数の振る舞いをマクロに捉える強力なツールだ。世界的数学者による入門書。

和算書「算法少女」を読む

小寺裕

娘あきが挑戦していた和算とは？ 歴史小説『算法少女』のもとになった和算書の全問をていねいに読み解く。遠藤寛子のエッセイを付す。

解析序説

小林龍一/廣瀬健

自然や社会を解析するためのセンスを磨く！ 差分・微分方程式までを丁寧にカバーした入門者向け学習書。

確率論の基礎概念

A・N・コルモゴロフ　坂本實訳

確率論の現代化に決定的な影響を与えた『確率論の基礎概念』に加え、有名論文「確率論における解析的方法について」を併録。全篇新訳。(笠原晧司)

雪の結晶はなぜ六角形なのか

小林禎作

雪が降るとき、空ではどんなことが起きているのだろう。自然が作りだす美しいミクロの世界を、科学の目でのぞいてみよう。(菊池誠)

物理現象のフーリエ解析

小出昭一郎

熱・光・音の伝播から量子論まで、振動・波動にもとづく物理現象とフーリエ変換の関わりを丁寧に解説。物理学の泰斗による名教科書。(千葉逸人)

ガロワ正伝

佐々木力

最大の謎、決闘の理由がついに明かされる！ 難解なガロワの数学思想をひもといた後世の数学者たちにも迫った、文庫版オリジナル書き下ろし。

算法少女	遠藤寛子	父から和算を学ぶ町娘あきは、算額に誤りを見つけ声を上げた。と、若侍が……。和算への誘いとして定評の少年少女向け歴史小説。箕田源二郎・絵
原論文で学ぶアインシュタインの相対性理論	唐木田健一	ベクトルや微分など数学の予備知識も解説しつつ、一九〇五年発表のアインシュタインの原論文を丁寧に読み解く。初学者のための相対性理論入門。
医学概論	川喜田愛郎	医学の歴史、ヒトと病気のしくみを概説。現代医療で見過ごされがちな「病人の存在」という視座から、「医学とは何か」を考える。(酒井忠昭)
初等数学史(上)	フロリアン・カジョリ 小倉金之助補訳 中村滋校訂訳	厖大かつ精緻な文献調査にもとづく記念碑的著作。古代エジプト・バビロニアからギリシャ・インド・アラビアへ至る歴史を概観する。図版多数。
初等数学史(下)	フロリアン・カジョリ 小倉金之助補訳 中村滋校訂	商業や技術の一環としても発達した数学。下巻は対数・小数の発明、記号代数学の発展、非ユークリッド幾何学など。文庫化にあたり全面的に校訂。
複素解析	笠原乾吉	複素数が織りなす、調和に満ちた美しい世界とは。微積分に関する基本事項から楕円関数の話題までコンパクトに詰まった、定評ある入門書。
初等整数論入門	銀林浩	「神が作った」とも言われる整数。そこには単純に見えて、底知れぬ深い世界が広がっている。互除法、合同式からイデアルまで。(野﨑昭弘)
算数の先生	国元東九郎	7164は3で割り切れる。それを見分ける簡単な方法があるという。数の話に始まる物語ふうの小学校高学年むけの世評名高い算数学習書。(板倉聖宣)
新しい自然学	蔵本由紀	科学的知のいびつさが様々な状況で露呈する現代。非線形科学の泰斗が従来の科学観を相対化し、全く新しい自然の見方を提唱する。(中村桂子)

情報理論	甘利俊一	「大数の法則」を押さえれば、情報理論はよくわかる！ シャノン流の情報理論から情報幾何学の基礎まで、本質を明快に解説した入門書。
アインシュタイン論文選	アルベルト・アインシュタイン ジョン・スタチェル編 青木薫訳	「奇跡の年」と言われる一九〇五年に発表された、ブラウン運動・相対性理論・光量子仮説についての記念碑的論文五篇をを収録。編者による詳細な解説付き。
入門 多変量解析の実際	朝野煕彦	多変量解析の様々な分析法。それらをどう使いこなせばよいのか。マーケティングの例をもとに紹介し、ユーザー視点に貫かれた実務家必読の入門書。
公理と証明	彌永昌吉	数学の正しさ、「無矛盾性」はいかにして保証されるのか。あらゆる数学の基礎となる公理系のしくみと証明論の初歩を、具体例をもとに平易に解説。
地震予知と噴火予知	井田喜明	巨大地震のメカニズムはこれまでの想定とどう違っていたのか。地震理論のいまと予知の最前線を明快に整理し、その問題点を鋭く指摘した提言の書。
ゆかいな理科年表	スレンドラ・ヴァーマ 安原和見訳	えっ、そうだったの！　数学や科学技術の大発見大発明大流行の瞬間をリプレイ。ときにニヤリ、ときになるほどとうならせる、愉快な読みきりコラム。
位相群上の積分とその応用	アンドレ・ヴェイユ 齋藤正彦訳	ハールによる「群上の不変測度」の発見、およびその後の諸結果を受けて、より統一的にハール測度を論じた画期的著作。本邦初訳。
シュタイナー学校の数学読本	ベングト・ウリーン 丹羽敏雄/森章吾訳	中学・高校の数学がこうだったなら！ フィボナッチ数列、球面幾何など興味深い教材で展開する授業十二例。新しい角度からの数学再入門でもある。
問題をどう解くか	ウェイン・A・ウィッケルグレン 矢野健太郎訳	初等数学やパズルの具体的な問題を解きながら、解決に役立つ基礎概念を紹介。方法論を体系的に学ぶことのできる貴重な入門書。（芳沢光雄）

確率論の基礎概念

二〇一〇年　七月十日　第一刷発行
二〇二二年　四月十日　第四刷発行

著　者　Ａ・Ｎ・コルモゴロフ
訳　者　坂本　實（さかもと・みのる）
発行者　喜入冬子
発行所　株式会社　筑摩書房
　　　　東京都台東区蔵前二-五-三　〒一一一-八七五五
　　　　電話番号　〇三-五六八七-二六〇一（代表）
装幀者　安野光雅
印刷所　大日本法令印刷株式会社
製本所　株式会社積信堂

乱丁・落丁本の場合は、送料小社負担でお取り替えいたします。
本書をコピー、スキャニング等の方法により無許諾で複製する
ことは、法令に規定された場合を除いて禁止されています。請
負業者等の第三者によるデジタル化は一切認められていません
ので、ご注意ください。
©MINORU SAKAMOTO 2010　Printed in Japan
ISBN978-4-480-09303-5 C0141